图书在版编目（CIP）数据

物理原来很有趣：李淼的30堂物理课 / 李淼著. —
: 浙江人民出版社，2020.7
ISBN 978-7-213-09746-1

Ⅰ. ①物… Ⅱ. ①李… Ⅲ. ①物理学—青少年读物
① 04-49

中国版本图书馆CIP数据核字（2020）第092297号

物理原来很有趣：李淼的30堂物理课

李 淼 著

出版发行：浙江人民出版社（杭州市体育场路347号 邮编 310006）
市场部电话：（0571）85061682 85176516
责任编辑：王 燕 何英娇
营销编辑：陈雯怡 陈芊如
责任校对：戴文英
助理校对：王欢燕
责任印务：刘彭年
封面设计：上海瀚徽文化传播有限公司
电脑制版：北京易细文化传播有限公司
印 刷：浙江海虹彩色印务有限公司
开 本：710毫米×1000毫米 1/16
印 张：13
字 数：150千字
插 页：1
版 次：2020年7月第1版
印 次：2020年7月第1次印刷
书 号：ISBN 978-7-213-09746-1
定 价：49.80元

杭州
Ⅳ．

物理原
很有趣

李淼的
30堂
物理课

浙江人民出版社

自序

2017年，应“知乎”的邀请，我在“知乎”平台上开设了一个栏目。这个栏目共有30堂课，内容是物理学通识。

据我所知，直到我开设这个栏目为止，还没有人试图将古往今来的物理学知识融入仅有30堂的通识课中。根据我的经验，在大学课程中，如果仅开一门3学分的小课，这些知识也得讲36个学时。按照我的语速，1个学时的内容差不多有4500字，是我在“知乎”上每堂课内容的1.5倍还多。

但是，将最为精华的物理学知识囊括进30堂通识课之中，我还是做到了。而促使我这么做的原因，有以下几个：

第一，“知乎”本来希望我至少讲60堂课，甚至更多。但我觉得，大型课已经过时了，很少有听众能够坚持堂堂不落地听下来。为了高效，我建议30堂课是上限。

第二，既然是通识课，那么我们就没有必要像讲专业课那样面面俱到。如果一堂课提炼一个重要的知识点，那么30堂课确实足够了。

第三，如果我的课足够生动、足够通俗，那么每堂课让听众记住一个知识点就是高效的做法。

接下来，讲讲我为什么要做30堂物理学通识课。

物理学通识课讲的其实就是科普物理知识，它用最有趣的方式给大家讲述看似高冷的物理知识。

物理是什么？从字面意思来说，物理是研究万物运行的规律、提出“为什么”，并寻找答案的一门学科。比如，要解释为什么手机能进行通信，就要搞清电磁波的原理。

我写过《〈三体〉中的物理学》。《三体》里说量子纠缠能实现瞬时通信，而实际上量子纠缠是无法超过光速的，所以这算是一个小bug（漏洞）。

站在学科角度来看，物理学是基础，学好物理，再学习其他很多学科就是小菜一碟了。比如，可以用统计物理学研究股票价格的分布，用布朗运动模拟股票价格的运行轨迹，这就衍生出一门新的学科——经济物理学。

再比如，物理学可以用于提高机器学习的能力。阿里巴巴已经开始布局量子计算和量子通信，用以提升数据计算的速度和数据的保密性。

当然，物理学的思维方式也影响着人类，作为一种思维方式，量子不确定的动态属性已经被应用到企业管理中。比如，企业家张瑞敏大力推荐《量子领导者》这本书；日本东京大学的物理学家上田正仁基于自己深厚的物理学基础，写了一本名为《思考力》的畅销书。

经常有人问："学习物理学到底有没有用？"当然有用！不仅对当下的生活有用，对规划未来、理解世界的本源和本质，物理学都发挥着巨大的作用。

这就是学习物理学的意义，也是我做这30堂物理学通识课的目的。

这 30 堂课的内容可以分为以下几个部分：

首先是与生活紧密相关的经典物理学，比如力学、热学和电磁学，学习它们可以帮助我们发现生活中错过的小细节。

接下来是现代物理学，包括具有革命性意义的量子物理学以及搅动时空的相对论。想必大家都听过这两个词，但能够真正理解它们的人可能并不多。这些理论可以帮助大家重建三观、刷新认知。

很多人可能会觉得这些理论很高深。其实完全不必担心，作为一名专注于物理科普的专家，我会用最贴合生活的例子、时下最有意思的科幻技术、当下最时髦的话题，用文科生也能听懂的语言、普通人也能明白的解释，为大家讲解物理。

作为人类，我们与其他生物的不同之处主要有两个：一个是我们具备语言能力，这种能力能够促进合作；另一个是我们具备逻辑推理能力，这种能力让我们认识了宇宙运行的规律，让人类个体具备了解决日常生活中遇到的问题的能力。也许学习物理学不能对每个人的生活都有帮助，但它却是我们掌握逻辑推理能力的一个有效途径。

李　淼

2020 年 3 月 28 日于深圳

目录

第4章 量子力学

第 5 章
相对论

第 1 章　经典力学

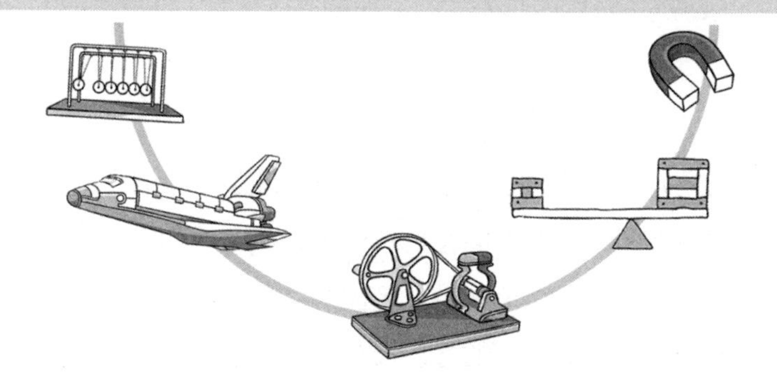

水中的力量：阿基米德定律

第1课是经典物理学的一部分，而经典物理学是我们生活的基本面，生活中的很多问题都能用经典物理学来解释。比如，飞机能够在空中飞行而不会掉下来，简单来说，是因为飞机“翅膀”上面的空气压力小，下面的空气压力大。那么，为什么飞机“翅膀”上面的空气压力比下面的小？这就需要我们了解一些物理学知识。同样，要想知道手机是如何完成计算的，也需要我们了解一点物理学知识。当然，经典物理学知识也是我们了解世界规律的基础。

力学是经典物理学的基础。经典物理学认为，所有复杂现象都可以简化和分解为力学。比如，你推我一下，就是给了我一个力。汽车的开动过程看上去很复杂，但其实是可以分解的，发动机、离合器、变速箱传动轴等相互作用，引发车轮转动，车轮给地面一个作用力，地面再给车轮一个反作用力，即牵引力，从而推动车辆行驶。

今天我们就来讲一讲经典力学中最基本的一个定律——是最古老的一个——阿基米德定律。

阿基米德定律是怎么来的？

据说，叙拉古国王召见阿基米德，让他鉴定一个黄金王冠是否掺假。阿基米德想了很久也想不出办法来。有一次，他在洗澡的时候，突然就想通了，于是光着身子跳出澡盆，大叫“尤里卡！”（希腊语，意为“好啊！有办法啦！”）。他想到的办法是什么呢？他想到的办法与曹冲称象一样：先将王冠放进装满水的水盆里，看看溢出了多少水，然后再把同样重的纯金放进同样大小且装满水的水盆里，看看溢出了多少水。如果第二次溢出的水稍微少一点，就说明纯金的体积比

阿基米德发现浮力定律

王冠小，那么王冠就被掺假无疑了。[①]

当然，阿基米德定律的内涵比这个故事包含的肯定要多。如果你会游泳，就更容易理解阿基米德定律了。跳进水里时，你马上就会感受到水的浮力。水对我们的身体到底产生了多大浮力？阿基米德定律指出，我们的身体在水中受到的浮力等于我们身体排出的水的重力。

怎么理解这句话呢？其实很简单。我们可以想象，先在一个立方体里装满水，并将这个装满水的立方体放入水中，此时这个立方体里面的水就受到了周围的水给它的浮力。

水的浮力是怎么来的呢？原来，水里有压力，就像空气里有压力一样。这个立方体里的水受到的浮力就是周围的水给它的压力的合力。

我们将一个用其他材料做成的相同体积的立方体放入水中，很明显，用其他材料做成的立方体受到的周围的水给它的压力，与原来假设的那个立方体里的水受到的压力一样大。也就是说，两者的浮力大小相等，就等于那个立方体里的水的重力。

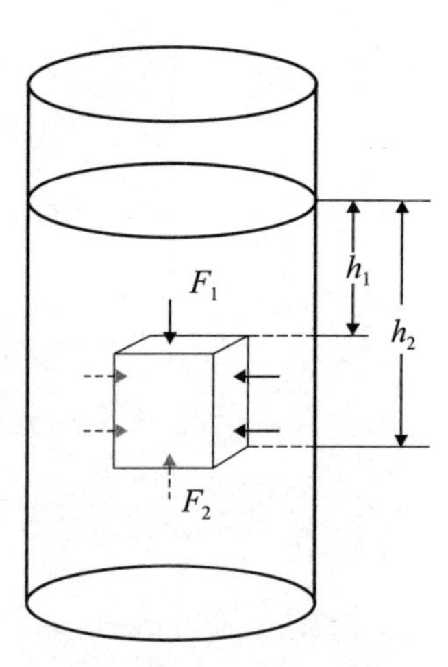

水对立方体上下表面的压力不同

这样就推导出了阿基米德定律：一个物体在水里受到的浮力大小等于它排出的水的重力。

当然，以上直观的推导过程还可以进一步细化，变成一个“高大上”的物理学推导过程：立方体有六个面，上、下两

① 编者注：此处作者所描绘的是理论上的，但事实上，实际测量中会存在误差。当差异较小时，谨慎起见，需作进一步判断。

个面及前、后、左、右四个面。显然，两个相对的侧面受到的压力大小一样，但方向相反，所以这两个相对的侧面受到的压力正好相互抵消了。也就是说，四个侧面受到的压力全部抵消，就剩下上、下两个面受到的压力了。整个立方体的水受到的浮力等于下面那个面受到的压力减去上面那个面受到的压力。因为下面那个面受到的压力是向上的，上面那个面受到的压力是向下的。既然整个立方体的水是静止不动的，那么我们就可以得出结论：水的下面受到的压力比上面受到的压力大，大出的数值正好是这个立方体里的水的重力数值。

接下来，我们谈谈压强的概念。什么是压强？压强就是物体单位面积受到的压力。我们将上一个推导过程简单化：假设水的六个面的面积都是 1 个单位面积，比如 1 平方米，那么，立方体下面那个面受到的压力比上面那个面受到的压力大了 1 吨水的重力，因为 1 立方米的水的重力就是 1 吨水的重力。

因为两个面的深度正好相差 1 米，因此也可以说，每深 1 米，水的压强就增大，其大小就相当于每平方米面积上 1 吨水的重力产生的压强。严格来说，吨并不是重力或压强的单位，吨乘以重力加速度的单位才是力的单位——牛顿。压强的单位是帕斯卡，是以法国数学家、物理学家帕斯卡的名字命名的。1 帕斯卡是多大？相当于每平方米的面积受到 1 牛顿的力。1 牛顿是多大？相当于 100 克物体的重力。

如果上述这个例子不够直观，那么我讲一个直观的例子：做俯卧撑时，我们把两只手和两只脚撑在地上。简单起见，假设每只手和脚的承重一样大，若你的体重为 80 千克，则你每只手或脚受到的压力就都相当于 20 千克物体的重力。此时每只手或脚受到的压强是多大呢？成人的手掌面积大约是 0.01 平方米，因此，一只手掌受到的压强就相当于每平方米面积上 2 吨物体的重力产生的压强。

为什么力的单位用牛顿命名？当然是因为牛顿发现了牛顿第二运动定律，即物体受到的合力等于它的质量乘以它的加速度。

帕斯卡研究了流体的压强。什么是流体？气体和液体就是流体。帕斯卡发现，任何流体都会传递压强。比如，阿基米德定律中说的水会传递压强。而且在任何固定的深度，水的压强在任何方向上都是一样大小的。同样，空气也会传递压强。而且，高处空气的压强比低处空气的压强要小。比如高原反应，人到了高原地区，往往会感到不舒服，其中的部分原因就与高原上的空气压强低有关。在西藏和青海地区，水的沸点比较低，也是因为那里的空气压强小。

我们将阿基米德定律应用到空气中，也会得出这样的结论：每升高 1 米，空气的压强就会减小，单位体积的空气质量也减小。那么，在地面上，空气的压强到底有多大？简单来说，这个压强大小就是 1 个标准大气压。

当然，这个简单的回答有点投机取巧，等于啥也没说。什么是 1 个标准大气压？当温度为 0℃时，纬度 45 度的海平面上的空气压强就是 1 个标准大气压。黑龙江省的牡丹江就处于纬度 45 度的位置上。

1 个标准大气压到底有多大？它比水面下每深 1 米增大的压强还要大 10 倍多。这也不奇怪，根据帕斯卡定律，大气层这么深，地面上空气的压强当然不会小。

帕斯卡不仅发现了帕斯卡定律（这个定律也可以说是阿基米德定律的普及版），他还发明了测量气压的仪器。严格来说，是他改进了别人发明的水银计，跟瓦特改进了别人发明的蒸汽机的性质一样。意大利物理学家托里拆利发现，空气中有大气压，而且还不小。那么，怎么去测量空气中的大气压呢？他找来一根一头封闭的玻璃管子，然后在里面装上水银，并保证管子封闭的那头处于真空状态。很明显，在管子封闭的一头，水银没有受到空气的压力，因为那头压根儿就没有空气，而在管子开口的那头，水银受到的压力就是大气压。将这根管子竖起来，管子开口的那端向下，水银因为受到下面空气的压力而不会完全流出来。水银的高度就决定了空气压强的大小，因此，这段水银的重力就等于大气压力。

那么，托里拆利测量到的水银有多高呢？整整 76 厘米（0.76 米）高！因为水银的密度是水的 13.6 倍。现在我们简单地计算一下，用 0.76 乘以 13.6，就得到大气压的大小，大约是 10 吨的物体的重力。

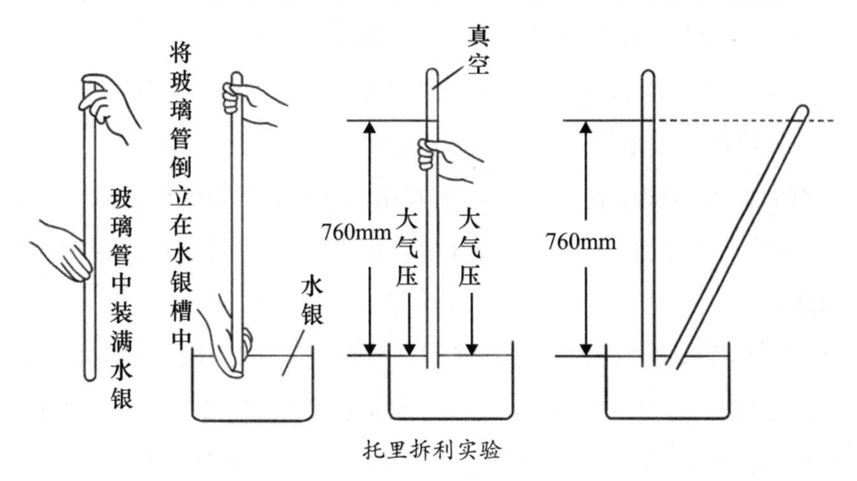

托里拆利实验

可能很多人都不敢相信空气中的压力有这么大，但事实如此。历史上有一个与托里拆利有关的故事，就是著名的马德堡半球实验。

1654 年，马德堡市市长奥托 · 冯 · 格里克知道了有关托里拆利发现空气中有大气压的事，又听说有很多人不相信这件事，于是，他决定通过一个实验来验证空气中存在大气压。

他做了两个完美的半铜球，两个半铜球合起来是一个完整的铜球。一天，马德堡天气非常好，格里克决定在这天与助手在一个广场上当众做实验。格里克和助手先把两个半铜球壳的边缘垫上橡皮圈，把两个半球里灌满水后合在一起；然后再把铜球里的水全部抽出，使球内形成真空；最后把气嘴上的龙头拧紧封闭。此时，空气中大气压就把两个半球紧紧地压在了一起。

格里克让几个马夫牵来 16 匹高头大马，先在球的两边各拴 4 匹马。然后格里克一声令下，4 个马夫扬鞭催马、背道而拉，好像拔河似的。4 个马夫、8 匹大马，累得浑身是汗，但铜球仍岿然不动。格里克让人在铜球两边各增加 4 匹马，16 匹大马使劲拉，终于，“啪”的一声巨响，铜球分成了原来的两半。大家都惊呆了。

阿基米德定律是人们所知的人类历史上最早的物理学定律之一，是流体力学中的第一个定律。它被广泛应用在计量仪器中，比如前面提到的气压计。气压计很有用，爬山的时候带上一个气压计，根据气压计的读数，我们就可以快速测量并得出自己所在位置的高度。

除了阿基米德定律，阿基米德还发现了杠杆定律，他说过一句著名的话：“给我一个支点，我可以撬起整个地球。”当然，人们现在经常吐槽这句话：“支点找到了，哪里去找这么长的杠杆呢？”古希腊人经常被后人批评不会做实验，只会像苏格拉底那样辩论，而阿基米德的出现，说明古希腊人还是会在实践中做点事的。阿基米德不仅被称为历史上第一位实验物理学家，还是一位伟大的数学家和哲学家。

任何流体，水也好，空气也好，都会传递压强。在流体中，深度每增加 1 米，压强就会随之变大，增量等于 1 立方米流体的重力。

在下一堂课中，我们将要讲述与现代科学开端紧密相关的故事，即开普勒行星运动三大定律。这些定律的发现对牛顿发现万有引力定律具有启发性作用，也标志着人类探索太阳系和宇宙的开始。

行星的旋转轨迹：开普勒行星运动三大定律

在上一堂课中，我们讲了最古老的物理学定律之一——阿基米德定律。在古希腊，尽管人们发现了几条物理学定律，但距离建立一个理解世界的科学体系还很远。

把时间轴逐渐拉近，有一位科学家让我们无法忽略，他关于行星围绕太阳旋转的发现，对牛顿发现万有引力定律具有启发性作用，打开了现代物理学的新局面，他就是开普勒。本堂课，我们就来谈谈开普勒的行星运动三大定律，以及关于他的一些有趣故事。

开普勒

说到开普勒，就不得不提一个人，那就是哥白尼。哥白尼有什么成就呢？哥白尼是第一个系统地提出日心说的人。他认为，所有行星都绕着太阳转，而不是绕着地球转，当然，地球也是行星之一，也绕着太阳转。

不过，哥白尼认为，行星绕太阳旋转的轨迹应该是一个圆。结果，他的日心说和行星观测数据不大吻合。因为两者不吻合，因此在很长一段时间内，哥白尼的日心说还取代不了流行了将近 2000 年的地心说。也许大家会问：“为什么错误的地心说与观测数据反而更加吻合呢？”其实，简单的地心说也不行。比如，假定水星在一个圆形轨迹上绕着地球转，这显然行不通，因为水星偶尔也会反过来走，也就是水星逆行。所以，在这个圆形轨迹上，西方的古代人又加了一些小圆。只要有足够多的小圆，地心说就“得救”了。日心说和行星观测数据不大吻合，让支持哥白尼的人郁闷了很长时间，他们摆脱不了古人的影响，认为天体的运动轨迹只能是圆形的。

这时候，开普勒闪亮登场，他认为行星轨道是卵形的。什么是卵形呢？就是它看上去类似椭圆，一头大一头小，有点像鸡蛋的形状。开普勒画了 20 多种卵形，最后发现椭圆最为准确，为此他还用数学公式描述了一遍，这就是开普勒第一定律：行星轨道是椭圆的，而太阳处于椭圆的一个焦点上（比开普勒大 7 岁的伽利略一直认为行星轨道是圆的，不是椭圆的）。然而，这条定律对我们理解行星运动的物理规律帮助不大。

但椭圆的作用对我们却很重要，可以说，它是物理学中最重要的曲线。什么是椭圆？椭圆是圆锥曲线之一。什么是圆锥曲线？拿一个圆锥，用一个平面截取它，如果这个平面和底面平行，截出来的就是一个圆；如果这个平面斜一点，截出来的就是椭圆，比圆要扁一些。

那么，椭圆的焦点是什么？有一个画椭圆的方法可以拿来解释这个焦点：拿两个图钉钉在木板上，然后拿一根长度超过两个图钉之间距离的软线，两头系在图钉上，再拿一支笔放在这根线上，拉直了，画一条曲线，这条曲线就是一个椭圆，而那两个图钉的位置就是焦点。

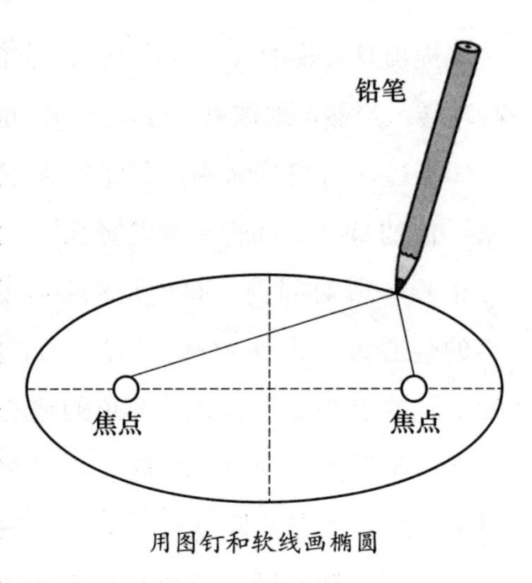

用图钉和软线画椭圆

也就是说，焦点位于椭圆长轴那条直线上，两个焦点到椭圆上任一点的距离加起来是不变的。如果两个焦点重合为同一点，那么这个椭圆就变成圆了。

这里要提到一个人，他就是第谷。第谷出生于 1546 年，比开普勒大 25 岁，当然，他比哥白尼还是小了不少的，因为哥白尼出生于 15 世纪。第谷是天文学家，也是星相学家。其实，那个时代的天文学家都是占星学家，要不然会少很多收入，毕竟国王和贵族这些有钱人大多是相信占星学的。那时，丹麦的国王叫腓特烈二世，应这位国王的邀请，第谷在哥本哈根附近的汶岛建立了一座天文台。那一年第谷 30 岁，可以说是年轻有为。

第谷在汶岛整整观测了 20 年，发现了不少好东西，比如行星的运动轨迹及月球的运动规律。在建立天文台之前，第谷还发现了一颗超新星。这个发现很重要，因为这说明：除了行星，宇宙中还有其他星体。

根据对行星的观测，第谷提出了不同于哥白尼日心说的模型，他的学说介于地心说和日心说之间。第谷认为，行星绕着太阳转，而太阳带着行星绕着地球转。当然，今天我们知道，这个说法也是错误的。

第谷出身于丹麦贵族，所以也染上了“贵族病”。在 20 岁时，他与另一位贵族子弟在别人的婚礼上吵架引发决斗，导致自己的鼻梁被打碎，所以后来他一直戴着一个金属鼻梁（传说是由金银制成的）。1901 年，有人挖到了第谷的墓，发现他的假鼻梁是铜做的。大家觉得这很合理，因为铜比金银要轻。

第谷死于膀胱方面的疾病，死时 55 岁。他死后，开普勒继承了他的位置，同时也获得了第谷生前不愿意给开普勒的行星资料。

可以猜想，如果第谷能活得更长一些，也许就轮不到开普勒来发现行星运动的第三定律了。

其实，相比于第谷，开普勒也不简单，他也是一位星相学家，为罗马帝国皇帝鲁道夫二世提供占星咨询，也帮助其他国王做类似的事，所以他的社会地位很高。开普勒也借此让很多国王出钱支持他搞研究。毕竟科学研究是需要很多钱的。

开普勒出生于 1571 年，虽然家庭算不上富裕，但生活条件也是很不错的。那时，要做一个科学家，家庭条件不能差，否则连大学都上不起。开普勒是一个天才少年，17 岁就获得了文学学士学位，20 岁就拿到了文学硕士学位。25 岁的时候，开普勒出版了一本书，并在这本书中宣传哥白尼的日心说。29 岁的时候，开普勒成了第谷的助理。

开普勒在 26 岁的时候，也就是在他成为第谷的助理之前，他与一位出身名门的寡妇结了婚。因为这位寡妇出身名门，所以有点看不上开普勒，举止傲慢的妻子使他很少感受到家庭的温暖。1613 年开普勒 42 岁时，他的妻子去世。后来他娶了一个穷人家出身的女人，两人感情很好，不过由于孩子多，家庭经济状况不太好。开普勒与两个妻子共生有 12 个小孩，但大多夭折了。开普勒是教徒，不过是位新教徒。

开普勒第一定律认为天体的运动轨迹不是一个完美的圆，这对传统的教会教条发起了挑战。传统观点认为，天体围绕圆形轨道匀速运动。而开普勒认为天体的运动轨道是椭圆形的。那么，按开普勒的观点来看，行星的运动还会是匀速的吗？

此时，开普勒研究出了第二定律，相比第一定律，第二定律就很有意思了。开普勒第二定律认为，行星连接太阳的那条线在相等的时间内扫过的面积相等。在今天看来，这条定律相当于角动量守恒定律。什么是角动量？就是行星的质量乘以行星的速度再乘以行星到太阳的距离得出的结果。当然，这里还要注意行星速度与行星到太阳的距离的夹角，如果夹角是直角，那就什么都不用做；如果夹角不是直角，那就要再乘以这个夹角的正弦。如果将角动量中的质量拿走，那么这个量就是行星在单位时间里扫过的面积（严格来说，再拿走一个 2 倍的质量才是面积）。关于角动量，有一个直观的例子：我们观看花样滑冰时，运动员旋转时将原本张开的手臂收拢，旋转速度加快。这就是角动量守恒的实际应用，张开手臂时，旋转速度必然小一些，因为手臂离旋转的中心远一些。

我们通过开普勒定律可以推导出一个事实：两个质点之间的引力方向正处于两个质点之间连线的方向上。

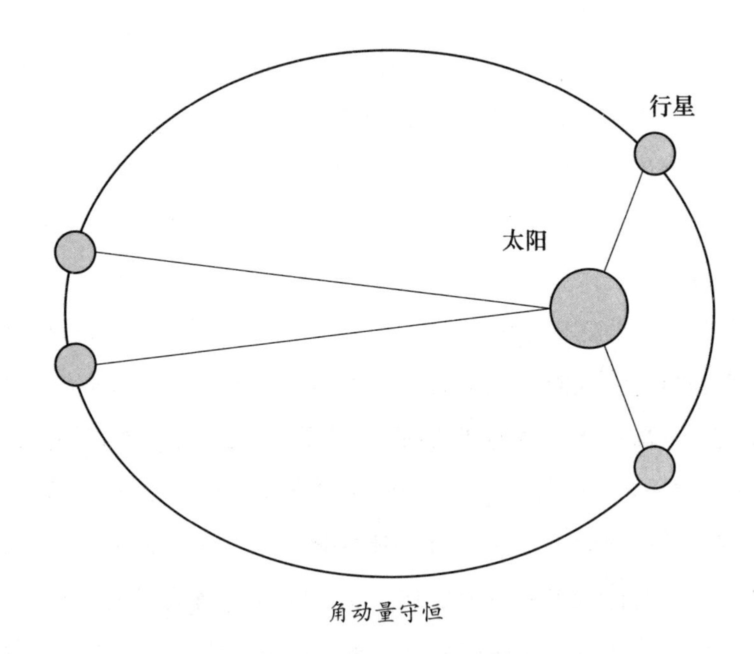

角动量守恒

开普勒是在 1609 年发表第一和第二定律的，之后，开普勒用了 10 年时间才总结出第三定律，因为这条定律在开普勒行星运动三大定律中是最复杂的。同时，他也忙于其他事情，比如，用当时的新事物——望远镜观测天象，完成了一个星表制作，还在第一任妻子死后结了第二次婚。

开普勒第三定律是指行星公转周期的平方与它到太阳的距离的立方成正比（该距离是指行星的椭圆轨迹长轴长度的一半）。相比开普勒第一定律和第二定律，这条晚了 10 年才发表的第三定律很重要，正因为有了它，牛顿才推导出了万有引力定律。用这条定律，我们可以知道，如果行星离太阳越远，它走完一圈所用的时间就越长。所以，离太阳最近的水星绕太阳一圈所用的时间最短，一个水星年只有 88 天；离太阳第二近的金星绕太阳走一圈所用的时间大约是 225 天；接下来才是地球。离太阳第四近的行星自然是火星了，一个火星年约 687 天；离太阳第五近的行星是木星，一个木星年是一个地球年的近 12 倍；一个土星年是一个地球年的 30 倍左右。我们就不谈天王星和海王星了，因为在开普勒时代，这些行星还没有被发现。

从开普勒第三定律中我们还能发现什么？要知道，行星公转周期的平方与它到太阳的距离的立方成正比，这个信息量很大。假如行星的速度都一样，因为椭圆的周长与距离成正比，那么行星跑一圈下来需要的时间就该与它到太阳的距离成正比。也就是说，应该是行星公转周期的平方与它到太阳的距离成正比。然而，现在却是周期的平方与距离的立方成正比，也就是说，周期与距离的 3/2 次方成正比。那么行星的速度是多大呢？行星的速度可以用距离除以周期（这里忽略了一个常数）。也就是说，速度与距离的开方成反比，越远的行星，速度越小。就这样，牛顿的万有引力定律就呼之欲出了。

什么意思呢？既然行星的速度与它到太阳的距离的开方成反比，那么行星的动能就与距离本身成反比。聪明的同学马上会跳起来说，行星的万有引力势能也与距离成反比，这不就是万有引力定律吗？

被抛出的石头、射出的子弹沿着抛物线运动，是因为万有引力；月亮绕地球运动、人造卫星绕地球运动，也是因为万有引力。

在本堂课里，我们学习了开普勒行星运动的三大定律，还顺便了解了关于第谷和开普勒的一些故事，他们都有着复杂的性格和背景。他们活着的时候也许不知道，他们的发现让自己万古留名。

在下一堂课中，我将要讲述伽利略的力学体系。作为开普勒的同时代人，伽利略是一个几乎与现代科学的开端画等号的名字。

感知加速度：伽利略动力学

在上一堂课中，我们讲了开普勒行星运动的三大定律，这三大定律不仅支持了哥白尼的日心说，还启发了牛顿在几十年后发现万有引力定律。

不过，牛顿要想发现万有引力，仅有开普勒三大定律还不够，还需要他自己的三大定律。牛顿的三大定律部分归功于他自己的聪明才智，部分得益于伽利略的发现。

那么，伽利略到底发现了什么？我们通常说，他发明了望远镜，然后用望远镜发现了月亮上的环形山和太阳中的黑子，还发现了木星的四大卫星及土星环，这是他在天文学方面的发现。更加重要的是，伽利略开启了现代科学的实验传统，并且利用实验初步建立了现代力学体系。

牛顿第一定律其实是伽利略发现的。这条定律认为，任何物体在不受力的状态下保持静止不变或者做匀速运动。这个发现非常重要，重要到牛顿将它列为力学的第一定律，又叫惯性定律，这个名字的来源显然与物体在不受力的情况下保持静止或匀速的惯性有关。

为什么说这条定律重要？

首先，它推翻了亚里士多德的认识。亚里士多德认为，一个物体要保持匀速运动，就必须要不断地受到力量的推动。当然，我们也要原谅亚里士多德，毕竟，在他生活的时代无法排除空气的阻力。一个物体在空气中运动会受到阻力，因此为了让物体不停地运动，我们就得用另一个力来抵消空气阻力。同样，我们在骑车、开车时，也需要不断抵消来自地面和空气的阻力，所以需要给单车和汽车施加力。

伽利略惯性定律在实验室里通常是这样演示的：在一个很长的光滑平板上放一个铁球，平板下斜时，在重力的作用下铁球开始滚动；当我们不断将光滑的平板加长、坡度变小时，铁球依然保持运动状态。而现代技术帮助我们做了更好的实验演示：让一个物体在真空管中运动，就能完美地展示惯性定律了。

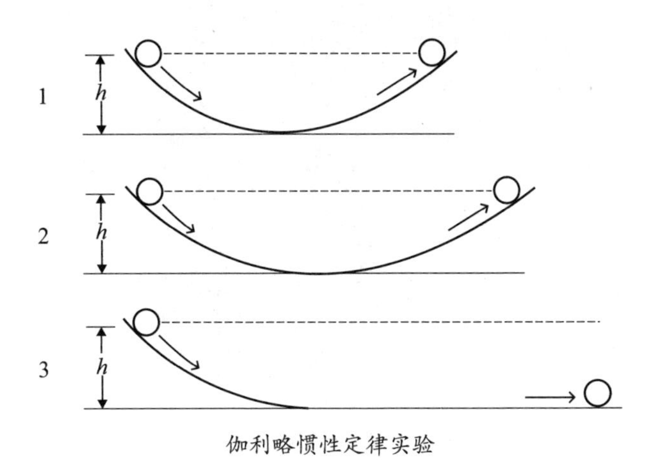

伽利略惯性定律实验

其次，惯性定律帮助伽利略建立了惯性系概念。惯性系是一个参照系统，在这个系统中，惯性定律成立。显然，地面是一个很好的惯性系，因为我们可以在地面上做实验验证惯性定律。同样，匀速运动的高铁、飞机或者轮船都是惯性系。伽利略在惯性定律的基础上再加上一条原理——惯性原理，即所有惯性系看上去都是一样的，没有区别。惯性原理非常重要。比如，假如有人将你的卧室搬到一个巨大的飞行器上，无论这个飞行器的速度有多大，只要它是匀速的，在卧室里的你就无法感受到飞行器是否在飞行。

再看另一种情况，当汽车刹车时，汽车的速度在变小，此时坐在汽车里的你会感受到一个向前推的力。这就说明，如果一个参照系不是在匀速运动，我们很快就会感受到自身所受到的作用力。

非匀速运动时的惯性定律实验

牛顿能够发现万有引力定律，除了得到开普勒三大定律的帮助，也得到了伽利略的帮助，这个帮助是什么呢？就是伽利略对重力的研究。关于这个研究，很多人都听说过比萨斜塔实验。

关于比萨斜塔实验，流行的版本是这样的：伽利略认为，物体在地球重力的作用下，下落的快慢与其质量无关。为了让反对的人都信服，1589 年的一天，比萨大学青年数学讲师、年方 25 岁的伽利略，同他的辩论对手及许多人一道来到比萨斜塔。伽利略登上塔顶，将一个重 100 磅和一个重 1 磅的铁球同时抛下。在众目睽睽之下，两个铁球出人意料地几乎同时落地。面对这个实验结果，在场观看的人个个目瞪口呆、不知所措。故事听上去很完美，但后来这个故事受到很多人的质疑。有人去比萨斜塔做同样的实验，结果发现质量更大的那个铁球先落地。难道重力加速度与物体质量无关这条著名定律是错的？当然不是。很简单，重的铁球先落地，是因为在空气中，重铁球和轻铁球除了受到重力之外还受到了空气的阻力，而铁球受到的空气阻力不是与质量成正比的，所以重的铁球先落地。

一个更加现代、更加好理解的重力实验是，在一个真空玻璃管中放一个小铁球和一根羽毛，然后倒置玻璃管，我们就会看到羽毛和铁球同时从玻璃管的顶部落到底部。

那么，比萨斜塔实验的故事到底是真是假？其实，这个故事是伽利略的学生维维安尼说的。维维安尼在他的著作《伽利略》中提到，他曾经听说伽利略当年在有其他教授、哲学家和全体学生在场的情况下，从比萨斜塔的最高层做过多次类似试验。这样看来，维维安尼也是听别人说的，可见这个故事以讹传讹的成分较多。

无论如何，伽利略发现了在地球重力的作用下，所有物体向下的重力加速度是一样的。如今我们知道，这个重力加速度大约是 9.8 米 / 秒 ^{2}。也就是说，1 秒之后，一个下落物体的速度会增加 9.8 米 / 秒。

这个发现加上惯性定律，让伽利略发现了抛出去的物体的运动轨迹是抛物线。这里要说明一下，尽管古希腊人研究了抛物线，但“抛物线”的原文 *parabolè* 并没有“抛物”的意思，而是“用平面去截”的意思，因为抛物线和椭圆一样，也是圆锥曲线之一。在伽利略发现抛出去的物体的运动轨迹是抛物线后，中文里才出现“抛物线”这个翻译名词。

伽利略是如何发现抛出去的物体的运动轨迹是抛物线的呢？一个抛出去的物体，在水平方向上速度不变，因为这个物体在水平方向上不受力（在忽略空气阻力的情况下）。既然如此，子弹飞出的距离就和它的飞行时间成正比。但是，子弹在垂直于地面的方向上受重力作用，会加速落向地面，因此，子弹在垂直方向上下落的距离与时间的平方成正比。就这样，伽利略发现了抛物线。

我们在讲开普勒的时候，提到伽利略是开普勒的同时代人。其实，伽利略比开普勒大 7 岁，开普勒出生于 1571 年，伽利略出生于 1564 年。开普勒发表行星的前两大定律时是 1609 年，那时伽利略刚刚制造出望远镜，并在第二年发现了月亮环形山和很多其他天文现象。

在制造出望远镜之前，伽利略早就发现了惯性定律及惯性原理。在 30 岁之前，伽利略还研究了自由落体运动、抛射体运动，以及静力学和一些建筑学方面的知识。

除了力学和天文学，伽利略还有很多其他发现，例如，他认为光的速度是有限的，还试图测量光速。不过，光速实在太快了，他的测量以失败告终。他发明了温度计，利用浮力原理发明了测量首饰中金银比例的浮力天平。他还发现了单摆原理（这个原理与重力有关），后来这个原理成为制造机械钟的原理之一。

伽利略奠定了现代科学的方法论基础，同时，他的重要发现也奠定了现代力学的基础。可以说，伽利略是现代科学鼻祖。

当现代科学崛起的时候，由于日心说、太阳黑子、月亮环形山等发现有悖于传统教会的理论，因此现代科学不免与宗教发生冲突。教廷曾因为伽利略相信和宣传日心说而监禁他。

这位现代科学的奠基人与教会的矛盾，在他去世 300 多年后达成了和解：1979 年，梵蒂冈教皇保罗二世代表罗马教廷为伽利略公开平反，认为教廷在 300 多年前对他的迫害是严重的错误。

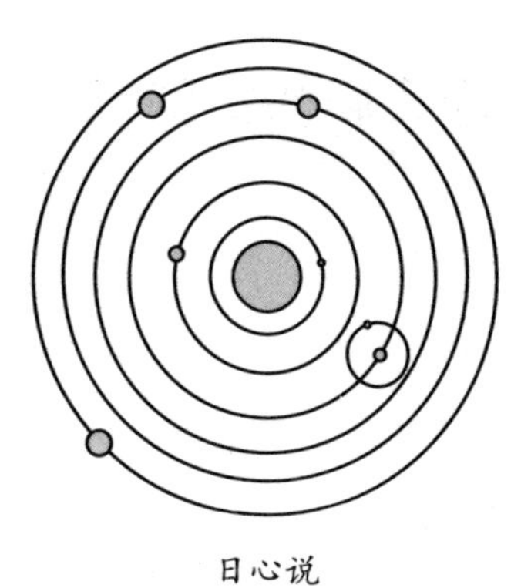

日心说

课堂总结

在本堂课中，我们讲到了力学中至关重要的定律——惯性定律，同时，我们还提到了与惯性定律相关的惯性原理——所有惯性系都是等价的。直到爱因斯坦发现相对论，这个原理都是适用的。另外，伽利略发现的自由落体定律也为牛顿发现万有引力定律提供了帮助。

那么，伽利略开创的力学体系的完整系统是什么样的呢？这要等牛顿出现才会被建立起来。我们将会在下一堂课中讲牛顿，以及他的力学三大定律。

巨人肩膀上的胜利：牛顿三大定律

我们在上一堂课中讲了现代科学奠基人伽利略，尽管伽利略在科学及物理学领域中的地位崇高无比，但是与牛顿比起来，还是稍微逊色了一点。

当然，将科学巨人拿来做比较，意义并不大。我们之所以对比一下伽利略和牛顿，是因为牛顿的出现，彻底改变了科学发展的进程，甚至可以说彻底改变了人类发展的进程。为什么这么说呢？因为牛顿建立了第一个科学体系，也就是牛顿机械宇宙体系，这个体系的重要组成部分就是牛顿力学。在本堂课中，我们主要讲一下牛顿力学的基础，也就是牛顿三大定律。

伽利略出生于 1564 年，卒于 1642 年，享年 78 岁。伽利略去世后的第二年，牛顿出生了。伽利略和牛顿在那个时代都算是长寿的，牛顿比伽利略要更加长寿一点，活了 84 岁。与伽利略不一样的是，牛顿一生活得很滋润，因为那时教会已经不怎么插手科学领域的事了。

牛顿不仅是个科学天才，还是一个情商极高的人，因此一生顺风顺水、风光无限。因为科学发现，他成为皇家学会会长，受封爵士。后来他还当上了造币厂厂长（相当于现在的央行行长）。

牛顿在很年轻的时候就做出一生中最多、最重要的发现。据说，在牛顿 22 岁的时候，也就是 1665 年，伦敦发生了大瘟疫，牛顿为了躲避大瘟疫回到老家，就在此后的短短两年内，他发现了微积分，提出了牛顿三大定律，研究了光学，甚至已经着手研究万有引力了。

因此，在牛顿去世后，他被葬在威斯敏斯特圣彼得大教堂，他的墓碑上镌刻着诗人亚历山大 · 波普为他写的墓志铭："自然与自然的定律，都隐藏在黑暗之中；上帝说：'让牛顿来吧！'于是，一切变为光明。"

伏尔泰说："牛顿是最伟大的人，因为他用真理的力量统治我们的头脑，而不是用武力奴役我们。"

现在，我们来说说牛顿三大定律。这三条定律就是关于物体运动的动力学定律。

牛顿第一定律是惯性定律，我们在上堂课中已经说了，其实这是伽利略发现的。惯性定律也定义了惯性系——在一切惯性系中，不受力作用的任何物体保持静止或做匀速运动。

有人开玩笑地将牛顿第二定律简称为"牛二"。牛顿第二定律是指一个物体运动的加速度与作用在其上的合力成正比，与其质量成反比。也就是说，作用在物体上的力越大，加速度就越大；但是，质量越大，加速度越小。

当然，还少不了牛顿第三定律，即作用力与反作用力大小相等但方向相反。

接下来，我们说说牛顿定律的具体内涵，第一定律在上堂课中已经谈了，所以我们从“牛二”开始。有人会问，关于“牛二”，是不是啥也没有说啊？因为力是怎么定义的还没有说呢。的确，如果我们不能给出力的独立定义，那么就可以说“牛二”什么也没有说。但是，伽利略对重力的研究可以帮助我们来定义力：一个物体在地球上受到的重力等于其质量乘以重力加速度。这样，惯性定律就可以拿来定义其他力了：任何别的力，都可以拿来平衡某个物体受到的重力，如果这个力恰好使某个物体保持静止，那么这个力的大小就等于这个物体受到的重力，当然，其方向与重力相反。

这样我们就有了独立测量一个力的大小的方法。测量了力的大小，然后将它作用在一个物体上，这时我们就可以应用牛顿第二定律了。“牛二”公式中的质量因素也很重要，如果我们将同样大小的力作用在质量小一半的物体上，那么它获得的加速度就变成原来的两倍。

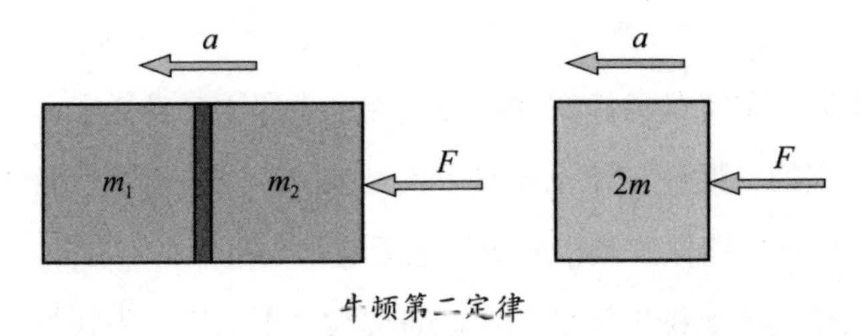

牛顿第二定律

牛顿第三定律也很重要，我们先看看它的应用。假设你的体重比我的轻一半，现在，我们互相推对方，我受到了你给我的推力，同时，你也受到了我给你的推力。因为推力大小相等、方向相反，我们就会向相反的方向加速，你的加速度是我的加速度的两倍。最后，你获得的速度也是我的速度的两倍，因为这个力在你身上作用的时间和在我身上作用的时间一样长。

同样，如果你用手击打一个物体，这个物体固然受到了你的力，但它以同样大小的力反击在你的手上。这样做真是划不来。我们在拉车的时候，车子受到了我们的力，我们也受到了车子的反向力。我们给车子的力抵消了车子轮胎在地面上受到的摩擦力，所以车子动了。既然我们也受到车子的力了，为什么我们还能向前走？因为我们的腿在蹬地面，地面给了我们一个向前的摩擦力。如果我们站在冰面上，光滑的冰面提供的摩擦力几乎等于零，那我们就很难拉动车子了。这就是牛顿第三定律的简单应用。

回到我们互相推的例子，假如你的体重是我的一半，我们前面说了，最后你的速度是我的两倍。现在，有一样东西是相等的，就是我的质量乘以我的速度等于你的质量乘以你的速度。当然，因为速度有方向性，质量乘以速度也有方向，这个新的量不是别的，就是动量。你看，我推你，你推我，最后我们的动量大小相等、方向相反。因此，我们的总动量加起来应该等于零，也就是说，将我俩作为一个整体，在我俩互相推之前和之后，总动量为零。这是牛顿第三定律的重要动力学内涵——动量守恒。

发射火箭其实就是利用了动量守恒定律，被喷射出来的燃料的动量抵消了火箭向上的动量，燃料的动量在冲向地面的时候，火箭也一直在上升。

其实，很多静力学问题可以用牛顿第一定律和牛顿第三定律来解决，当一个物体保持静止时，它受到的总的力等于零，然后，我们再利用牛顿第三定律分析物体各个部分受到的不同的力。

我要强调一下，牛顿三大定律针对的其实是质点，也就是无限小的点，为了简单起见，我们前文举例用的是物体而不是质点。

关于牛顿的故事有很多，有些是真的，有些只是传说。

大家喜欢谈牛顿的童年。牛顿的童年没有一般人过得那么幸福和快乐，可以说是非常悲惨的了。牛顿出生前 3 个月，他的父亲就去世了；3 岁那年，他的母亲再婚，他就跟着外婆生活；直到 10 岁，他的继父过世后，母亲才回到他的身边；16 岁上中学那年，他的母亲却想让他辍学，帮家里干农活。幸好校长特别爱才，跑到牛顿家里劝说：“像牛顿这么聪明的孩子，不读书实在太可惜！”当时牛顿的舅舅也表示会在经济上帮忙他，这个天才少年才得以重返校园。18 岁那年，牛顿考上了剑桥大学三一学院，这可是当时全世界最有名的学院之一。

牛顿

关于牛顿的童年及求学中的部分故事确实是真实的。至于牛顿因工作认真而忘记吃饭、因为苹果砸到他的头上而发现万有引力等故事，恐怕多数是传说而已。

除了关于牛顿成功的故事，也有一些对牛顿不利的故事。比如，为了与比他年纪稍长的胡克争夺万有引力的发现权，他对胡克进行了无情的打击，他在一篇文章里暗戳戳地嘲笑胡克，说自己获得成功是因为站在巨人的肩膀上，所以才显得比胡克高。因为胡克是个矮子。

但牛顿的“获得成功是因为站在巨人的肩膀上”这句话本身没有错，他获得成功确实是因为他站在了伽利略和开普勒等巨人的肩膀上。但要站在巨人的肩膀上也不容易，第一，你得认出谁是巨人；第二，你得有本事爬到巨人肩膀上，他们那么高，爬上去并不容易。

我们总结一下牛顿的生平：18 岁，考上了剑桥大学三一学院。22 岁，从剑桥大学毕业，那年英国爆发了一场大瘟疫，所以他就回到了自己家的农庄避难。在此期间，他创立了微积分，并提出牛顿三大定律，同时研究了光谱学。26 岁，重返剑桥大学，并当上了第二任卢卡斯数学教授。此后牛顿的人生一路开挂：29 岁被选为英国皇家学会会员，46 岁当选为英国国会议员，53 岁成为英国皇家造币厂厂长，60 岁成为英国皇家学会会长。牛顿是历史上第一个被册封为爵士的科学家，也是有史以来第一个享受国葬待遇的科学家。

牛顿三大定律不是牛顿力学的全部，牛顿的另一个不朽的成就是万有引力定律，这是我们下一堂课要讲的内容。

埋葬哲学家的真理：万有引力定律

上堂课我们讲了牛顿和他的力学三大定律，有了这三大定律，现代力学甚至物理学就有了坚实的基础。

为什么这么说呢？因为根据牛顿开创的现代力学，所有物理运动都可以分解为很多部分的运动，只要这些部分被分解得足够小，每个部分都可以被看成质点，那么它们就适用于牛顿三大定律。

在伽利略和牛顿时代到来之前，整个中世纪的西方都被经院哲学统治。而在牛顿之后，有了现代科学，科学之光照亮了整个世界。本堂课的标题用了“埋葬哲学家”的字样。其实，那些哲学和哲学家还继续存在，并没有被埋葬，只是直到牛顿之后，人类的主流世界观才被科学统治。

本堂课我们继续讲牛顿，讲他的万有引力定律。

在讲万有引力定律的科学内容之前，我们先讲一讲万有引力在科学体系中的位置及其本质。

我们必须知道，虽然牛顿三大定律奠定了力学的基础，但它们不能使整个世界的力学体系完备。相反，即使有了牛顿三大定律，力学体系还远远没有完备。为什么这么说呢？因为自然界中存在各种力，比如，地面上的重力，物体与物体之间的摩擦力，蒸汽推动机器的力，人的肌肉产生的力，电荷之间产生的力……世界上到底有多少种力？这些力是怎么来的？这是牛顿三大定律没有谈及的内容。

所以，要理解整个力学及内容更为宽泛的物理学，只靠牛顿三大定律还远远不够。

从牛顿开始，物理学的研究进展很快，300 多年来，经过科学家们的不懈努力，我们终于理解了世界上形形色色的力。可以说，所有力都可以分解为简单的力，这些力都可以用四种最基本的力来解释，即万有引力、电磁力、弱力和强力。弱力和强力都是亚原子力，我们先不讲，而万有引力和电磁力是我们日常生活中经常遇到的力。

前文讲过，伽利略发现地球上的重力都与物体的质量成正比，如果应用牛顿第二定律，就得出了伽利略得出的结论：所有物体的重力加速度都是一样的。

其实，牛顿第二定律的发现与伽利略观察到的重力加速度是个恒量有关。

在讲开普勒三定律的时候，我们已经推导出了牛顿万有引力定律。现在，我们回顾一下，在那堂课中我们是如何理解开普勒第三定律的。

开普勒第三定律是指行星绕太阳公转的周期的平方与行星到太阳的距离的立方成正比。之前已经由此定律推导出一个重要结论，那就是，行星的动能与其到太阳的距离成反比。如果你熟悉力学，马上就能推出行星的势能也与其到太阳的距离成反比。

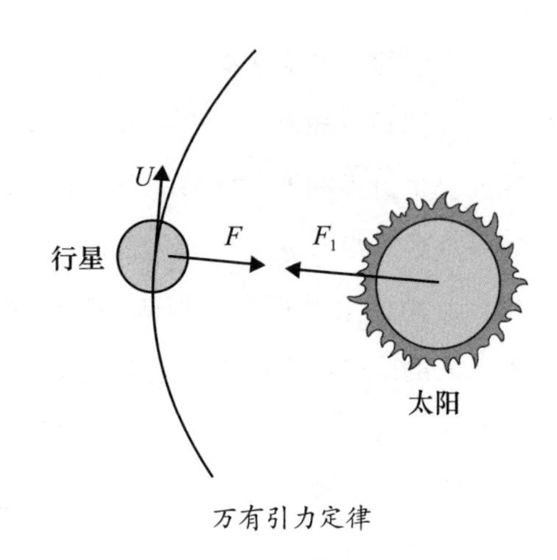

万有引力定律

但是，假设你不熟悉力学，那你怎么推导万有引力呢？我们将行星运动的轨道简化为一个圆，看看牛顿第二定律能够告诉我们什么。

开普勒第二定律认为，行星在单位时间内扫过的面积不变。也就是说，行星的运动速度不变。但是我们知道，行星行走在圆形轨迹上，它的速度和方向在不断变化，因此，行星运动还有一个加速度，只是这个加速度的方向不会在圆形轨迹的切线上，只能在与切线垂直的方向上，而垂直于切线的方向就是指向太阳的方向。换句话说，当行星绕着太阳按圆形轨迹运动时，它在连接其与太阳的方向上下落。

简单地计算一下，就能得出行星向着太阳运动的加速度与它的速度的平方成正比、与其到太阳的距离成反比的结论。这个结论比较直观：距离太阳越远，行星运动轨迹的圆弧越接近直线，所以加速度越小。

我们再回到开普勒第三定律的结论：行星运动速度的平方与其到太阳的距离成反比，速度的平方再除以其到太阳的距离就是行星的加速度。也就是说，加速度与距离的平方成反比。

接下来，牛顿第二定律就派上用场了。行星受到的力与其加速度成正比，与其到太阳的距离的平方成反比。这是牛顿万有引力定律的部分内容。牛顿万有引力定律包括的内容还有，行星受到太阳的引力与行星的质量成正比。牛顿第二定律认为，行星的加速度在与力成正比的同时，还与它的质量成反比，因此这个力必须含有行星的质量才能被抵消。

结论就是，行星受到太阳的引力与行星的质量成正比，与它到太阳的距离平方成反比。而且，这个力也必须与太阳的质量成正比，毕竟，行星与太阳是对等的两个物体。

另外，万有引力中除了两个物体的质量和距离之外，还有一个常数，也就是万有引力常数。

牛顿万有引力定律为何完美地解释了地球的重力？伽利略已经知道，地球上任何物体的重力与其质量成正比，这与万有引力定律相吻合。因此，一个物体的加速度是由地球的质量和地球的半径所决定的。

但是，在牛顿所处的时代，人们还不能精确地测量万有引力常数，因为那时人们对地球的质量和太阳的质量还不了解。假如我们知道了地球的质量和地球的半径，通过测量重力加速度就能完美地测量万有引力常数了。但是，如何测量地球半径和地球质量呢？

毫无疑问，地球半径相对容易测量，因为它是一个几何问题，只要我们在两个距离比较远的城市测量太阳的方向就行了。但是，如何测量地球质量却是一个难题，我们又不能将地球放在一个巨大无比的秤上去称。

因为这个问题如此之难，所以我们就不难理解为什么在牛顿死后71年，卡文迪许才第一次通过测量得到了万有引力常数。

当然，卡文迪许也没有那么大的秤，他测量万有引力常数的方法特别巧妙：将一个两端各放一个小球的直杆悬挂在一根石英丝上。如果这个直杆没有受到其他力的作用，石英丝就不会被扭转。接着，拿两个大球分别靠近两个小球，大球对小球产生了万有引力，石英丝就会被扭转一个角度。通过对石英丝扭转角度的分析，就能计算出万有引力常数的大小。

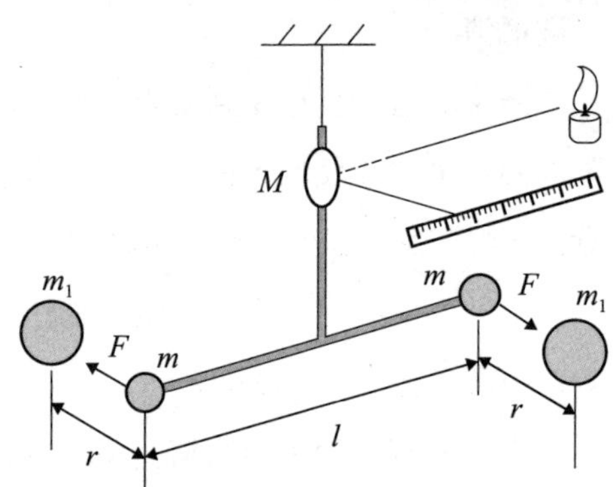

卡文迪许实验

卡文迪许测量得到的万有引力常数很精确，与现代的测量结果差别很小。卡文迪许测量万有引力常数的目的正是为了测量地球的质量。

尽管卡文迪许比牛顿晚出生了大约 90 年，但他和牛顿有一个惊人相似的地方，就是这两人都终生未婚，卡文迪许也是 18 岁到剑桥大学上学，直到年近七十才完成了万有引力常数的测量。除了测量万有引力常数，他还研究了热学和气象学。卡文迪许一生做了很多实验，但他发表的科学论文很少，只有 18 篇。这不等于他写得少，其实他写了很多东西，只是没有发表。卡文迪许还是一位高产的化学家，他发现了二氧化碳、氢气和硝酸。

卡文迪许为人孤僻，不爱交际。有这样一个关于他的故事：有一天，一位英国科学家和一位奥地利科学家到一位爵士的家里做客，正巧卡文迪许也在。爵士介绍他们相识，并猛夸卡文迪许，那些初见面的客人更是对卡文迪许说了很多非常敬仰他的话，还说这次来伦敦的最大收获就是见到了卡文迪许。卡文迪许起初很不好意思，到后来甚至手足无措，于是他迅速离开了房间，坐上他的马车就回家去了。

剑桥大学有一个著名的卡文迪许实验室，这个实验室并不是卡文迪许本人创建的，而是他的后代德文郡八世公爵卡文迪许将自己的一笔财产捐赠给了剑桥大学，由“电磁学之父”麦克斯韦于 1871 年创建的实验室。

1687 年，牛顿首次出版《自然哲学的数学原理》，在这本书中，牛顿第一次公布了万有引力定律，同时还用他的三大定律和万有引力定律研究了很多问题，包括行星运动和月球运动，以及大海的潮汐力。1789 年，卡文迪许完成了著名的扭秤实验，第一次精确地测量了万有引力常数，同时计算出了地球的质量。1871 年，卡文迪许实验室成立。三个事件发生在三个不同的世纪。

卡文迪许实验室可以说是世界上最成功的实验室了，除了麦克斯韦、卢瑟福等著名物理学家在那里工作过，1904—1989 年，共有 29 位在这个实验室工作的科学家获得了诺贝尔奖。

万有引力是宇宙中最弱的力，我们从日常生活中很容易就能感受到这一点，比如，两个人相互靠近，完全无法感觉到彼此产生的万有引力，而两个因摩擦丝绸而产生电荷的玻璃棒之间的排斥力却能够被我们轻易地觉察到。这也是在万有引力定律被发表了一个世纪之后，人类才测量到万有引力常数的原因。另外，地球的质量高达 6 亿亿亿[①] 千克，但它对我们产生的重力并不至于压垮我们。

虽然万有引力很微弱，但它却是宇宙中最重要的力。为什么呢？万有引力是叠加的，质量越大，万有引力就越大，所以，就产生了月亮绕地球转、地球绕太阳转等壮观的自然现象。

① 编者注：这是一种日常口语中常用的说法，本书中为更接地气，也用这样的说法来表示大的数值。

课堂总结

在本堂课中，我们讲了万有引力定律，以及它在科学体系中的位置及其本质。同时还讲了卡文迪许通过测量得到万有引力常数的实验过程。虽然万有引力是宇宙中最弱的力，但它却是最重要的力。有了它，很壮观的自然现象才得以产生。

关于经典力学，我们就讲到这里了。在接下来的两堂课中，我们要讲一讲热学。

第2章　热　　学

鬼魂是否存在：能量守恒定律

我们在第一章用五堂课讲了物理学的基础——力学。本章我们再用两堂课来讲一讲热学。

在大学课程中，物理学的学习顺序就是力学、热学、电磁学……基本上，这个顺序既是物理学发展的历史顺序，也是物理学系统的逻辑顺序。在牛顿时代，人们就认识到，物理规律可以约化为质点的力学规律。但是，那个时代的人并没有认识到热学也能约化为力学规律。

这是为什么呢？主要原因是，从那个时代一直到20世纪初，人们还没有科学地建立物质结构的原子概念，从而导致热学研究被热学的几大定律主导。当然，一旦物理学家建立了原子概念，这几大定律也顺理成章地被原子论囊括并解释了。

我们在本堂课中主要讲一讲热力学第一定律，也就是能量守恒定律。站在今天的角度看，能量守恒定律的建立很简单，因为牛顿时代已经有了机械能守恒定律，既然热学可以约化为力学，那么能量守恒不是显而易见的吗？

然而，真相却是，科学家花了很长时间才建立了能量守恒定律。当然，在牛顿力学的概念里，力可以做功，这种功会转化为受力系统的动能。比如，一个物体在地球的重力场中从高处落下，重力做的功就转化为物体的动能。那么，能量守恒是怎么体现的呢？比如，某个物体的势能减少了，但它的动能和势能的总和不变，这是人们最早认识到的能量守恒的例子之一。

随着物理学家和数学家对牛顿力学认识的发展和深化，重力势能被推广开来，到19世纪上半叶，物理学家系统地总结了力学能量守恒定律。在这里，我们要特别提到一个人，他就是爱尔兰人哈密顿。哈密顿几乎是科学全才，在物理领域和数学领域都很有名，甚至直到现在我们还在将一个力学体系的总能量称为哈密顿量。

但是，即使在哈密顿时代，人们也并不知道一个宏观物体的能量能用哈密顿给出的公式计算出来。比如，当水结成冰后，人们会说，相比于原来的水，冰的能量变小了，原因是水在结冰的过程中释放了热。没错，热能也是一种能量。

哈密顿

在很长一段时间内，人们甚至认为，热能或热量是一种叫热素的东西携带的。从表面上来看，热素是一个很自然的东西，不是吗？你看，一块煤炭或者一瓶汽油在燃烧的时候释放出热能，这种热能能够被我们感受到，这不就是热素吗？但是，热能能被感受到，却不能用任何实体来解释，所以，热素就应是无色无味也无质量的东西。18世纪末，法国化学家拉瓦锡用化学实验“证明”了热素说的合理性。因此，热素说流行了很长一段时间。热素说对能量守恒定律的建立起到了很大的作用，因为热素说可以解释在化学反应、物体摩擦中的总能量守恒，也就是说，能量既没有消失也没有凭空产生。

热素看起来有点像鬼魂，无色无臭无质量，还可以带走能量。如果热素真的存在，我们就可以论证鬼魂也存在了。幸好，19世纪中叶，两位科学家的研究彻底消灭了热素说。

这两个人对能量守恒定律的建立起到了关键性的作用，一位是德国医生迈尔，另一位是大名鼎鼎的英国物理学家焦耳。

这两只“耳”到底是怎么发现能量守恒定律的呢？先看迈尔，德国汉堡人，生于1814年，卒于1878年，享年64岁。他开始的职业是医生，不过，他年轻时就对物理和化学感兴趣，自己做了很多实验。1840年，作为随船医生，他跟随一艘船去印度尼西亚的雅加达，在途中，他注意到，被风暴袭击后的海浪的温度比没有遭遇风暴的海浪的温度要高。另外，在行医时，他注意到人的血液是红色的，而红色与氧有关，因此，他就想，保持血液温度的是不是氧燃烧时产生的热量呢？

1841年，迈尔发表了论文《论力的定量和定性分析》，这篇论文被看作是有关能量守恒定律的第一篇论文。在这篇论文中，迈尔论证了热能的力学性质。7年后，也就是1848年，他论证，如果太阳本身没有能源，它的热量将在5000年后耗尽。

作为医生，迈尔认为，人在吃了食物后，食物中的部分能量被人体吸收，这些能量部分转化为人体的热能，部分转化为人活动时需要的能量，在整个过程中能量是守恒的。这个研究说明，机械能、热能和化学能这三种能量是可以互相转化的。

由于迈尔是位医生，他的物理学研究被物理学界忽略了，所以物理学家们将发现能量守恒定律的功劳归于英国物理学家焦耳。

我们知道，能量的1个单位就是1焦耳，这个命名当然与焦耳发现能量守恒定律的贡献有关。1焦耳是多少呢？将100克的物体提高1米，需要的能量大约就是1焦耳，这是机械能。热能通常使用的单位是卡和大卡，1大卡是1000卡，这个单位我们很熟悉，因为在我们买食物时，很在意食物所含的热量。那么，1大卡是多少焦耳呢？1大卡大约是4000焦耳。

我在前文中说过，水结成冰会释放出热能，同样，冰融化成水会吸收热能，这就是水的潜热。这个潜热有多少？1千克的水，如果温度是0℃，在结成0℃的冰的时候，会释放出80大卡的热量。

为了我们的身体健康，也为了给大家一个关于热量单位的直观印象，我可以告诉大家，一个成年人每天需要大约1000大卡的热量。

我们回到发现能量守恒定律的故事。焦耳比迈尔晚一年发现能量守恒定律。焦耳，生于1818年，卒于1889年。也就是说，他比迈尔年轻了4岁，活了71年。用今天的话来说，焦耳是个富二代，他父亲帮他建造了一个实验室，所以他在年少时就做了很多实验。也是在1840年，他开始了关于能量守恒的研究。他是怎么开始的呢？这也与他父亲有关。焦耳的父亲是位酿酒商，所以焦耳就有机会观察酿酒用的蒸汽机产生的能量和电机产生的能量之间的关系。他发现，电能应该转化成了热能，他通过多次测量通电的导体，得出一个定律：电导体所产生的热量与电流强度的平方、导体的电阻和电流通过的时间成正比。他将这个定律写成了一篇论文，即《论伏打电所生的热》。1843 年后，他建立了机械能、热能、化学能和电能的等价关系，并发现了能量守恒定律。

焦耳

在很大程度上，第一次工业革命与蒸汽机的发明及普及有关，而产生含有大量热能的蒸汽又需要燃烧煤炭和木材，所以我们也可以说，第一次工业革命与化学能和热能转化为机械能有关。

到第二次工业革命时，人类开始使用发电机及电能，所以第二次工业革命与电能转化为热能和机械能有关。

到第三次工业革命时，人类除了发明了计算机，还开始使用原子能，或者说开始使用核能。因此，第三次工业革命与核能转化为其他形式的能量有关。

核能是迈尔和焦耳时代还不知道的能量。核能的发现和使用与人类在 19 世纪末和 20 世纪上半叶发现的亚原子物理结构有关。

但是，不管能量如何变化，都离不开能量的基本形式，也就是能量的基本来源——力学能。这是什么意思呢？要说清楚这个问题，我们仅仅知道牛顿还不行，牛顿理论可以将化学能和热能约化为力学能。但要将所有能量约化为力学能量，我们还需要了解电磁理论，以及爱因斯坦的相对论。

有人会说，老师这是在卖关子啊，我们的学习还处于热学阶段，还没有到电磁学阶段，更没有到相对论阶段。这不要紧，要理解所有能量都是力学能量，我们只要知道一些简单的道理就行了。

哪些简单的道理呢？所谓电磁能，无非是电荷和电流产生及携带的能量。我们要提前知道的一点是，这些能量都可以被解释成电磁场的能量，而电磁场本身又可以用光子来解释。光子与其他基本粒子没有什么不同，也是粒子，因此也会携带能量，而这种能量基本上就是动能。

那么，如何理解核能呢？爱因斯坦说过，凡是质量，都等价于能量。也就是说，一个物体所含的能量等于其质量乘以光速的平方。这就是著名的爱因斯坦质能关系。

因此，一个质量很小的物体，也蕴含着巨大的能量，因为与我们日常见到的普通物体的速度相比，光速实在太快。下面我们先简单讲一讲质能关系的一些内涵。

我们可以说，一个原子的质量稍微小于它的原子核和核外电子质量之和。为什么呢？因为电子围绕原子核运动时，还有动能和电磁势能，但是动能加上电磁势能的值是负的，因此，根据能量守恒定律，这个能量对原子质量的贡献是负的。

我们知道，原子核是由核子构成的，核子又可分为质子和中子。同样，一个原子核的质量要小于它所包含的核子的质量，因为要使核子结合在一起，其动能加势能必须是负的——不然它们会分离开来，这样的结果也不会违背能量守恒定律。

我们还知道，4 个氢原子核的质量加起来比 1 个氦原子核的质量要大一些，所以，在核聚变中，氢原子核合成氦原子核时，一定会多出一些能量，这些能量就是核聚变释放出来的能量。另外，在核能工厂里，利用的往往不是核聚变，而是核裂变。也就是说，大原子核分裂为小原子核，原来的大原子核的质量比裂变之后的小原子核的质量之和大，这样就会有能量释放出来。不过需要说明的是，不论是核聚变还是核裂变，多余的能量除了由光子携带之外，还有一部分是由中微子携带的，但我们只能利用光子携带的能量。你看，利用能量守恒定律和爱因斯坦质能关系，我们就轻松理解了核裂变和核聚变，虽然真正的核反应其实还是蛮复杂的。

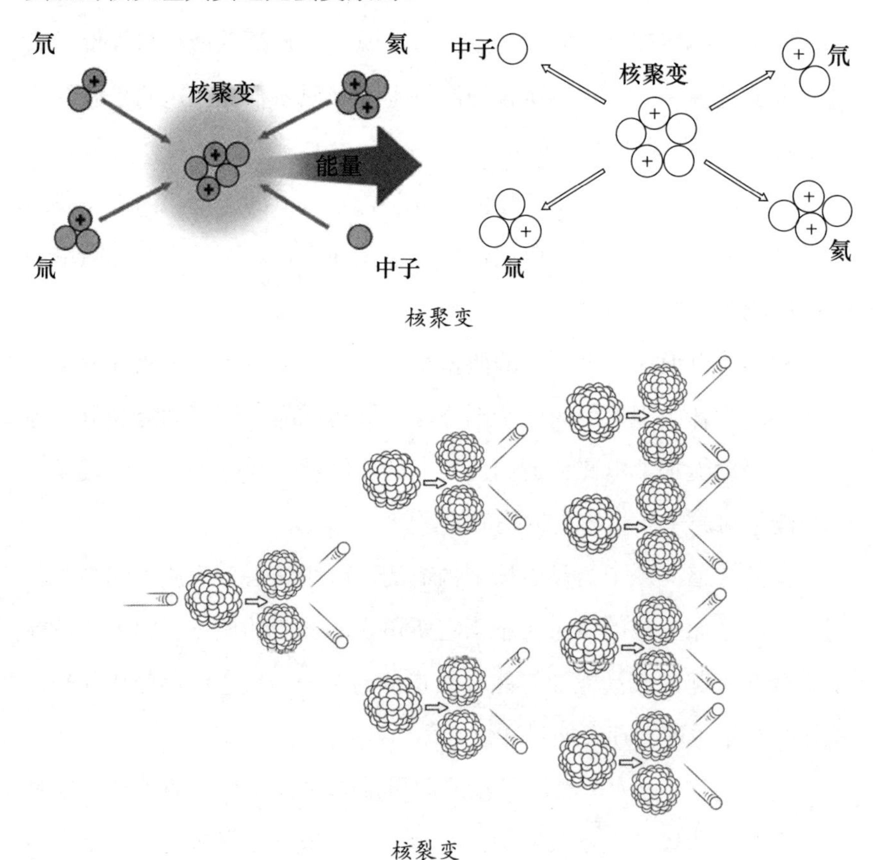

核聚变

核裂变

课堂总结

在本堂课中，我们学到的内容是能量守恒定律，能量既不会消失也不会凭空产生，热学要研究的一个重要部分就是热量的转移。

在下一堂课中，我们要学习的是热学中的另一个重要定律，即热力学第二定律。这个定律同样很重要，因为它能告诉我们，除了能量守恒定律禁止发生的现象，还有哪些禁止发生的现象。

从有限到无限：热力学第二定律

在热力学中，甚至可以说在整个宇宙的物理过程中，还有一个很重要的定律，叫作熵增定律。熵增定律有个专有名词，叫作热力学第二定律。

用一句话总结熵增定律，那就是世界只会变得越来越乱；用四个字形容熵增定律，那就是“覆水难收”。

大家还记得《哈利·波特》的魔法棒吗？魔法棒很魔幻。有一次，邓布利多带着哈利·波特去找一个变成沙发的朋友，他们看到房间里乱糟糟的，便用魔法棒一挥，房间瞬间变得整整齐齐了。还有一次，哈利·波特将魔法棒指向一潭水，水很快就结成了冰。

其实，这些魔幻故事都违反了熵增定律。熵是什么东西？它是指一个物理系统的混乱度。将魔法棒和乱糟糟的房间加在一起是一个物理系统，这个系统怎么会从乱糟糟的状态突然变得整整齐齐呢？同样，相同的温度，水比冰的混乱度要大，魔法棒也不可能将水变成冰。

不信的话，我们不妨回忆一下经常遇到的一个现象：现在大家都有手机，手机给我们的生活带来了便利，而手机的耳机线却经常给我们带来麻烦，本来将整理得好好的耳机线放在口袋里，可是，不出意外的话，每次从口袋里拿出来时，它又变得乱糟糟的了。我敢跟你打赌，你肯定从来没有见过一团乱麻一样的耳机线自己变得整齐了。同样，对于一个乱糟糟的房间，如果我们不耐心地慢慢整理它，它也不可能因魔法棒一挥就变得整整齐齐的了。

再举一个例子，一个玻璃杯掉到地上后碎了，里面的水也洒出来了，甚至水还渗入了地板。我们从来没有见过相反的情况：杯子的碎片自动合拢成一个完整的杯子，地板中的水再跳进杯子里，然后装满水的杯子自己从地板上跳到桌子上。这意味着什么？这意味着这个世界就像一部电影，从来都是按着一个方向放映的，而不会倒映。也就是说，时间有一个箭头。

其实，中国古人早就注意到了这个现象，成语“覆水难收”讲的就是这个意思。这个成语出自汉代的一个故事。汉景帝的时候，有一个穷书生叫朱买臣，娶了妻子崔氏。平日里，朱买臣除了读书就是砍柴，家境总不见起色。后来崔氏实在过不了贫穷的生活，逼着朱买臣写休书，朱买臣没有办法，只好任其离去。汉景帝的儿子汉武帝即位后，没过几年，朱买臣得到了汉武帝的赏识，做了会稽太守。崔氏得知这个消息后，蓬头垢面地跑到朱买臣面前，请求他允许自己回到朱家。朱买臣让人端来一盆清水泼在地上，告诉崔氏，若她能将泼在地上的水收回盆中，就让她回来。当然，这是做不到的事。

那么，物理学家是怎么总结这些现象的呢？这就不得不提到我经常说的一句话：物理学家除了能够开创一个领域，还要能够总结一个重要的概念。

熵，是 19 世纪物理学家提出的一个重要概念，在物理学中，这个概念的重要性仅次于能量。

这个概念被提出来的过程与蒸汽机研究有关。19 世纪上半叶，一个名叫克劳修斯的德国人一直在研究当时已经被发明出来的蒸汽机的效率问题。他发现，这些蒸汽机不会将蒸汽的能量百分之百地变成推动机器的能量。这是为什么呢？他从自己小时候就熟悉的一个小实验放下页图开始思考。那个小实验特别简单，就是将一杯温度高的水和一杯温度低的水放在一起后，温度高的水逐渐变冷，温度低的水逐渐变热，最后两杯水的温度都一样了。

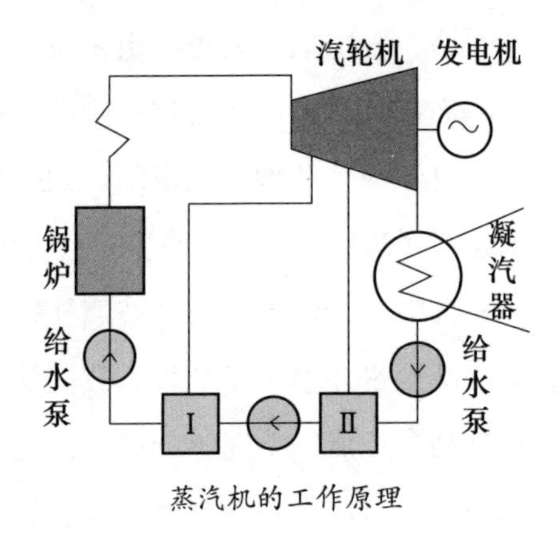

蒸汽机的工作原理

而相反的情况是不会发生的，即温度高的水变得更热，温度低的水变得更冷。这种情况其实也不违反能量守恒定律，但这个过程违反了克劳修斯总结出的定律——熵不会减少。

克劳修斯提出熵这个概念的时候才 28 岁。当时，他面临的是一个更加复杂的问题，就是蒸汽机为什么不可能达到百分之百的效率？当思考热量从温度高的地方流向温度低的地方这个简单的现象时，他灵机一动：也许，热量从温度高的地方向温度低的地方流动，代表着某种混乱度的提高。那么，干脆就将这种混乱度叫作熵。

当然，他必须提出一个严格的公式来计算熵。这个公式其实很简单，在克劳修斯看来，一个系统的熵的变化就是它得到的热量除以它的温度。这样，我们就可以很简单地解释热量为什么总是从温度高的地方向温度低的地方流动了。因为在这个过程中，温度低的地方的熵的增加比温度高的地方的熵的减少要大，这样加起来，整个系统的熵就变大了。

这个关于熵变化的简单公式，就成了热力学第二定律的基础。

于是，克劳修斯在1850年发表了一篇文章，他在文章里定义了熵，还表述了热力学第二定律：一个孤立系统的熵不会减少，往往是变大的。当然，克劳修斯在那个时候还没有找到热力学第二定律和蒸汽机的关系。但是，他已经感觉到自己离解决蒸汽机效率提升问题很近了。

不过，我们需要强调一下，克劳修斯用来定义熵的温度，不是我们通常用的摄氏温度，而是一种叫作绝对温度的温度，这种温度是英国物理学家开尔文提出来的。

在克劳修斯提出熵和热力学第二定律的前两年，年仅24岁的开尔文发现，任何物体的温度都不可能无限制地降低，而存在一个最低限制，他将这个最低温度称为“绝对零度”。这个温度有多低呢？比水结冰的温度还要低差不多273℃。也就是说，无论冬天怎么冷，温度也不可能比零下273℃更冷。这是一个了不起的发现。

比这个发现更加了不起的，是在克劳修斯提出熵及热力学第二定律之后的第二年，开尔文发现，热力学第二定律可以用来解释为什么蒸汽机不能将所有的热量都转化成推动机器的能量。他的发现后来被称为热力学第二定律的第二种表述：我们不可能将任何一个带有温度的物体中的热量提取出来，使其全部变成推动机器运动的简单动能。

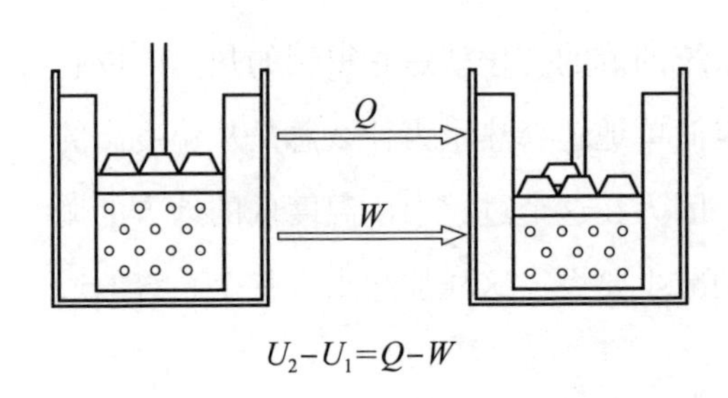

$U_2 - U_1 = Q - W$

看上去，开尔文对热力学第二定律的表达与克劳修斯的表达完全不同。接下来，我用伟大的玻尔兹曼的统计力学给大家解释一下，大家就会觉得其实这个道理很简单。

玻尔兹曼说，任何物体都是由分子构成的。当分子整齐排列的时候，这种情况叫作有序；当分子排列得乱七八糟的时候，这种情况叫作无序。用一个我们经常遇到的情况打比方，码得整整齐齐的一堵墙，看上去是有序的，而将这堵墙推倒，就变成了一堆乱七八糟的砖头，看上去是无序的。显然，无序的砖比有序的墙发生的概率更大。总结起来，相对于无序，有序的可能性更小，所以不容易做到。回到用原子和分子组成的物体这个问题上，玻尔兹曼说，任何孤立的物体，一定是从有序变成无序的，而不是相反，因为无序总是更有可能发生。这种理论叫统计力学，因为它是建立在大量的原子和分子的统计基础上的。

对于这个简单的道理，我们现在很容易接受。可是，玻尔兹曼却因为当时很多科学家不接受他的理论而自杀了。

如今，我们都知道物质是由分子和原子构成的，这是常识。但在玻尔兹曼生活的时代，原子论只是古希腊人的一种哲学，这种哲学根本不被大家接受，因为它没有直接证据来进行论证。而科学的一切假说必须通过实验获得支持（这也导致很多科学家因当时的实验限制而不敢大胆地提出假说）。现在，我们不用怀疑物质是由原子和分子构成的了，因为足够强大的电子显微镜可以看到它们。

尽管玻尔兹曼用分子和原子假说非常成功地解释了不少重要的物理现象，同时也得到了大学教职，却因为别的科学家拒绝接受他的理论而感到很不快乐。对他打击最大的，是当时最有影响力的科学家兼哲学家马赫，支持一位比玻尔兹曼年轻的德国化学家威廉·奥斯特瓦尔德。奥斯特瓦尔德是一位很有成就的化学家，在1909年获得了诺贝尔化学奖。可见，不论是马赫还是奥斯特瓦尔德，在当时的影响力都很大，但他们都一致反对玻尔兹曼的原子论。

玻尔兹曼

玻尔兹曼还推出了熵的一个新公式，当然，这个公式和克劳修斯的公式完全不同，因为它是用原子和分子的位置和速度写出来的。不过，玻尔兹曼可以用他的新公式推导出克劳修斯的公式。玻尔兹曼的公式成了一个新学科的基础，这门学科就是统计力学，而统计力学是热力学的微观基础。可以说，现在有过半数的物理学家都或多或少地和统计力学打过交道。

回到开尔文对热力学第二定律的第二种表述上：我们不可能将任何一个带有温度的物体中的热量提出来，使其全部变成推动机器运动的简单动能。那么，如何用玻尔兹曼的理论来解释这种表述呢？

假如我们可以将一个物体中的热量转化成一部汽车的能量，在玻尔兹曼看来，物体中的分子和原子的混乱度就降低了，也就是说，熵变小了。但是，无论是处于运动状态还是处于静止状态，汽车的混乱度都是一样的。说熵变小了，怎么可能呢？

简单来说，热力学第二定律指的就是，时间有一个箭头，熵只会越来越大。换句话说，我们只能看到热量从温度高的地方自发地向温度低的地方传导，而不是相反的过程。现在，我们完全理解了“覆水难收”这个成语，因为，当一盆水渗到地板里的时候，那些水分子就变得更加混乱了。

时间有箭头，这是一个特别好玩又特别深刻的物理学现象。就这个现象，我们还可以讨论很多问题。不过，我们的时间有限，大家就以本堂课作为出发点，思考一下，宇宙为何只向一个方向演化？

课堂总结

在本堂课中，我们学到的内容是熵增定律，一个物理系统的混乱度只会越来越大，而不是相反，用一个成语来说，就是覆水难收。

从下堂课开始，我们进入物理通识课的第三个板块——电磁学。

第3章　电磁学

同性相吸，异性相斥：库仑定律

在宇宙中，有两种力我们很容易接受，第一种是万有引力，第二种是电磁力。本章我们的话题就是电磁力。

为什么万有引力定律容易被人们接受？因为地球上的一切物体都有重量，这源自我们的日常生活经验。牛顿说，物体的重量来自地球的引力。对此现在大家都能接受。只不过，在他之前，多数人难以想象月亮和地球之间、太阳和地球之间也存在着万有引力。

现在人们都比较容易接受电磁力。我们都知道静电，静电本身就是一种电磁力。冬天穿毛衣，脱下来时衣服会放电；雷雨天的闪电也源于云朵之间的静电释放；如今的无线通信也是对电磁波的一种应用。

用琥珀和毛皮摩擦后，琥珀和毛皮都带上了电。同样，将玻璃棒和丝绸摩擦后，玻璃棒和丝绸也会带上电。琥珀摩擦毛皮后带电的发

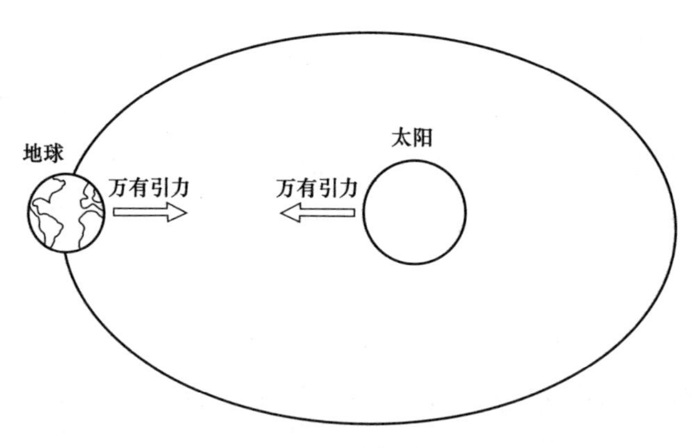

太阳和地球之间的万有引力

现归功于古希腊哲学家泰勒斯。带上电的琥珀会吸引微小的东西，不过，即使聪明如泰勒斯，也不知道这是因为电荷的作用，他觉得这是无机物体也有灵魂的表现。

也许我们无法相信，对电磁现象的认真研究，并不像研究天文、力学和光学那样从古代就开始了。相反，直到 1600 年，英国物理学家，同时也是医生的吉尔伯特才开始认真研究电磁现象。在他的著作《论磁》中，他指出，所有摩擦后的物体都会产生吸引力，这些吸引力是类似的，他将这些力称为电力，也就是我们今天熟知的静电之间的力。

中国古代的四大发明之一的指南针利用的就是磁铁的吸引力。在《论磁》中，吉尔伯特研究了磁石之间的排斥和吸引现象，比如，烧热的磁铁的磁性会消失，以及磁针指向南北等。

吉尔伯特还发现，带电物体靠得越近，它们之间的力也就越大，并且力的方向是沿着两个物体相连的方向的。在我看来，吉尔伯特非常了不起。为什么这么说呢？因为他在发表《论磁》的时候已经 60 岁了，从物理学史的角度来看，几乎没有物理学家能够在 50 岁后做出自己一生中最重要的发现，可以说吉尔伯特是个特例。当然，我们不知道他是否在出书很久之前就有了书中描写的那些发现。

最近两年，我经常对人说，我知道自己早就过了物理学研究的巅峰年龄，所以我将大部分精力放在了科学普及上。我还说过，真的不要相信科学家越老越值钱。但有了吉尔伯特这个先例，也许我还会尝试做点研究。目前我已经有了一个研究方向，没准在我 60 岁的时候，也会据此出版一本书。

自吉尔伯特的发现问世差不多 200 年，直到法国人库仑出现后，人们才知道，原来电荷之间的作用力和牛顿发现的万有引力类似，力的大小与电荷之间距离的平方成反比，与两个电荷的电荷量乘积成正比。这个定律还告诉我们，负电和负电之间是排斥的，正电和正电之间也是排斥的，但正电和负电之间是吸引的。

1785 年，库仑在实验基础上，发表了 3 篇关于电和磁的论文，他第一次清晰地说出了电荷与电荷之间这种作用力的定律，因此，这条定律就被称为库仑定律。

库仑用来证明他的定律的实验与卡文迪许测量万有引力常数的实验十分类似，就是用一根扭丝将两个带有电荷的物体悬挂起来，电荷之间的吸引力和排斥力会被扭丝转动所产生的力平衡。库仑实验不仅证实了库仑定律，同时也说明电荷只有两种，即正电荷和负电荷。

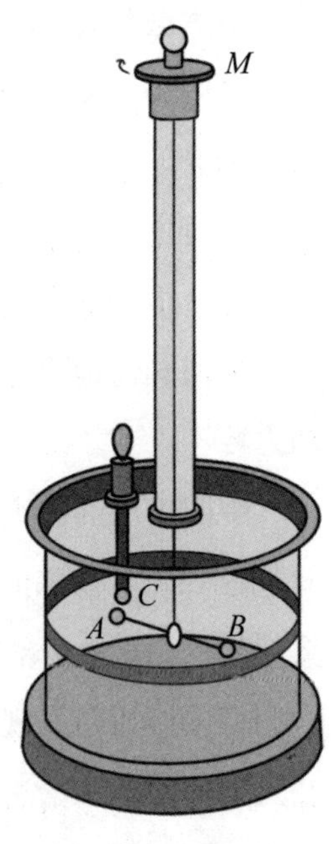

库仑扭秤

不要小看两种电荷的发现，因为这个发现将过去所有摩擦起电的现象统一了起来。后面我们会讲如何用现代观点看正电荷和负电荷。

库仑发表他的论文的时候，也有 49 岁了，没有打破我的“物理学家 50 岁后没有重大发现”的“定律”。不过，他很早就开始发表关于物理学方面的论文了。年轻的时候，库仑除了学习数学、天文学和植物学，还学习语言、文学和哲学。当然，库仑的全能并不是什么特例，古典时期的科学家几乎都是全才。

那么，我们如何用现代观点来看正负电荷呢？我们知道，所有物质都是由分子和原子构成的，而原子又是由原子核和电子构成的。电子带负电，原子核带正电。而且，令人惊讶的是，原子核的正电荷的大小正好被原子核外的电子的负电荷中和，这样原子就不带电了。如今我们知道，原子核是由质子和中子构成的。中子这个名字就告诉我们它们不带电荷。而一个质子所带的电荷是正的，其大小正好和电子的电荷一样大，但后者带的电荷是负的。为什么说原子是中性的这个事实很令人吃惊？因为这个特点是基于质子的电荷和电子的电荷正好中和的基础上的。直到今天物理学家也不能完全理解这件事。

回到摩擦起电。当两个物体摩擦的时候，一个物体上的电子会跑到另一个物体上，得到电子的那个物体带上了负电，失去电子的那个物体带上了正电。在琥珀摩擦毛皮的例子中，琥珀失去了电子，因此带正电，毛皮得到了电子，因此带负电。

我们再讲一下为什么库仑定律与万有引力定律类似。对于这个问题，无论是在本科物理课中还是在研究生物理课中，都没有讲到，但我在这里给大家“加个餐”，这个问题与空间是三维的有关。

在刘慈欣的科幻小说《三体》中有个震撼人心的故事，人类坐着星舰遇到了一个四维空间，然后，人跑出了星舰到了四维空间中。在我的《〈三体〉中的物理学》一书中，我专门用了一章的篇幅来“吐槽”这件事。因为根据物理学规律，一个三维人跑到四维里去，马上就会死掉。

这是为什么呢？我们先得研究一下在四维空间中电力与距离的关系。

要研究电力在四维空间中的规律，我们需要先研究一下四维空间中的电磁信号问题。我们知道，能量是守恒的。我们用能量守恒定律看一下无线电信号的问题。在三维空间中，无线电信号强度随着距离的平方衰减。这是因为无线电信号的强度与球面面积相乘等于无线电携带的总能量，这个总能量不变，所以信号强度就得与距离的平方成反比。

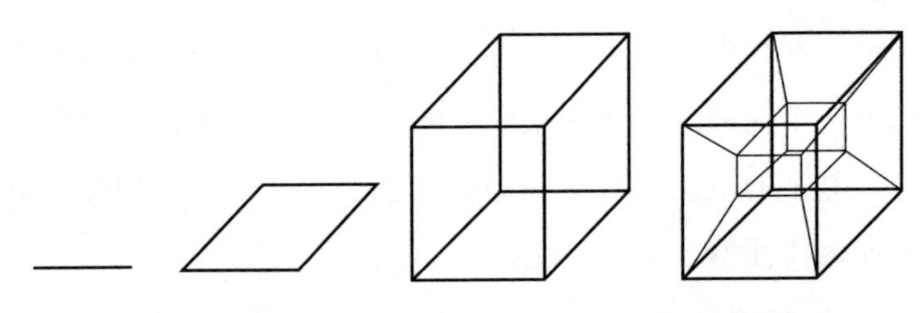

0 维	1 维	2 维	3 维	4 维
点	线	面	体	超体
静止	0 维的运动	1 维的运动	2 维的运动	3 维的运动
1 顶点	2 顶点 1 线	4 顶点 4 线 1 面	8 顶点 12 线 6 面 1 体	16 顶点 32 线 24 面 8 体 1 超体

不同维度空间示意图

在四维空间中，无线电信号随距离衰减的程度比在三维空间中厉害得多。根据能量守恒定律，在四维空间中，信号强度乘以距离的三次方是不变的。在这里，距离的三次方就是四维空间中三维球面的“面积”。所以，在四维空间中，信号强度与距离的三次方成反比。

也许你会说，在四维空间中能量也许是不守恒的。我们退一步，接受在四维空间能量不守恒的说法。而能量不守恒的结果是很可怕的，因为在物理学中，能量是与时间有关的。如果能量不守恒，物理学定律就会随时间变化。也就是说，一个在四维空间中的人，每时每刻的体积和体重都会剧烈变化。所以，我们还是不要接受这种可怕的假定好了。

接受了能量守恒定律，就得接受信号强度在四维空间中与距离的三次方成反比这个结论。比如，我们从远处看一盏灯，灯会随着距离的增大迅速暗下去，比在三维空间中暗下去的速度要大。

再看三维空间中的库仑定律。其实，库仑定律和信号强度衰减定律的原理是一样的，因为两个电荷之间的作用力是通过电磁场传递的。这样我们就得出结论，三维空间中的库仑定律是电力与距离的平方成反比。

那么，四维空间中的电力定律是什么样的？通过前文我们已经知道，在四维空间中，信号与距离的立方成反比，所以，四维空间的电力定律就是两个电荷之间的力与距离的立方成反比。

我们了解了库仑定律为什么与距离的平方成反比，回到《三体》中的故事，人一旦进入四维空间，库仑定律就不再是库仑定律了，因为电力与距离的立方成反比。此时人会有什么感受呢？人体是由分子和原子构成的，因此原子核和电子之间的吸引力一下子就改变了，不再遵循库仑定律了，结果就是，原子瞬间瓦解！

课堂总结

在本堂课中，我们讲到了库仑定律，这个定律看上去与牛顿万有引力定律很类似，即电力与距离的平方成反比。同时，用电磁信号强度做类比，我们还了解到，库仑定律必须是这样的：电力与距离的平方成反比。

给大家留个作业：我们用什么做类比，也可以推导出万有引力定律？

磁力是怎么回事？为什么我们总要将电和磁并称为电磁现象？这是下堂课的内容。

感应电流的方向：法拉第定律

本堂课要讲的是改变世界的法拉第定律，也叫电磁感应定律。法拉第定律最简单的演示过程是这样的：拿一个磁铁穿过一个电线线圈，电线线圈中就会产生电流，这就叫作电磁感应现象。就这样，电和磁联系了起来。在此之前，人们知道电流会产生磁场，但还不知道反过来的现象：变化的磁场也会产生电流。也就是说，电磁互相感应，电磁互生，这也是我们在“电磁现象”中将电和磁并列的原因。

为什么说这个定律改变了世界？因为在此基础上，法国人很快就发明了发电机，有了发电机，人类才进入了电气时代。在这里，我们要分清电动机和发电机的区别，发电机比电动机更重要，有了发电机，我们就可以将机械能、化学能、水能和风能甚至核能变成电能，然后将其保存起来，输送出去。而电动机是法拉第于 1821 年发明的，比他发现电磁感应现象还要早 10 年。当然，电动机也十分重要，它

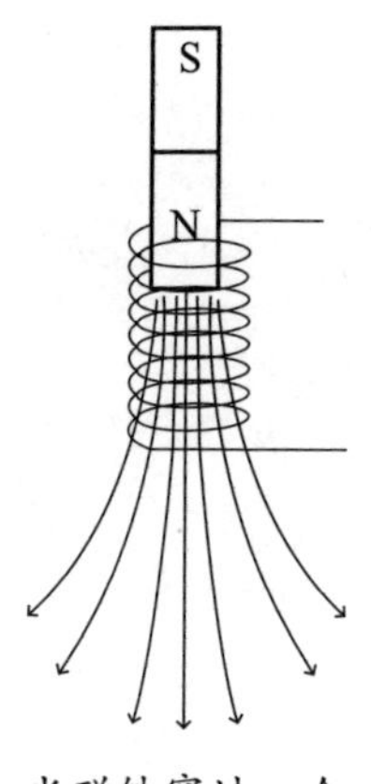

当磁铁穿过一个电线线圈时，电线线圈中就会产生电流

的工作原理基于另一个电磁现象，也就是电流产生磁场。

我们在上一堂课里讲过电荷之间存在排斥力和吸引力。既然有电荷，那么有没有磁荷呢？答案是，没有。可以说，不仅在地球上找不到磁荷，甚至在银河系里也找不到磁荷。大家可能会问，那磁铁是怎么回事？没错，磁铁的南北极之间会产生排斥力和吸引力，但磁铁没有磁荷。

我们已经知道，电流会产生磁场，其实，磁铁也会产生磁场。我们现在很熟悉且用起来很方便的电场和磁场这些概念，也是法拉第提出的，而且是他在发现电磁感应现象之后提出的。

如何理解磁场？其实很简单，拿一张纸，在上面撒满铁屑，然后将一个磁铁放在纸下面，纸上的铁屑就会排起队来，这支队伍的方向就是磁场的方向。当年法拉第提出“场”的概念时，用的也是类似的方法。

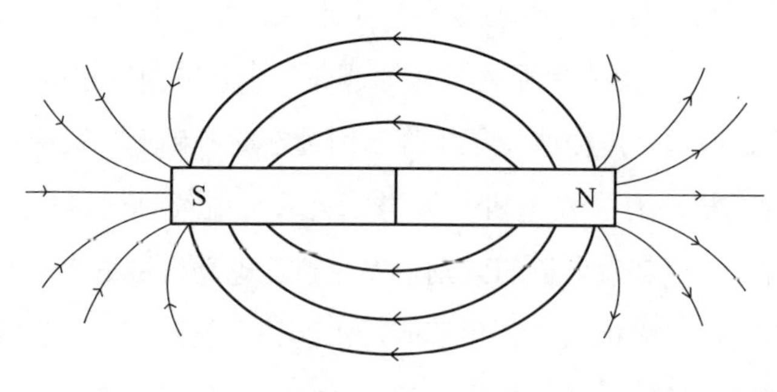

磁铁产生的磁场方向

我们知道，电荷之间产生的力的方向是两个电荷连线的方向，用法拉第电场的概念来表达就是，一个电荷在某个位置上产生的电场，其方向在这个位置与电荷的连线上。库仑定律认为，一个电荷产生的电场强度，随着距离的增加而衰减。

现在我们可以解释一下为何磁铁不是磁荷了，因为一个磁铁产生的磁场，完全不像一个电荷产生的电场，反而像一个正电荷加一个负电荷产生的电场。

接下来，我们再看看电流产生的磁场是什么样的。再来做一个小实验：我们在一条有电流通过的电线附近放一个指南针就会发现，指南针指的方向在与电线垂直的平面上，而且，这个方向本身也与电线垂直。

也可以拿一根电线穿过一张纸，使电线和纸垂直，这样磁场就可以用在纸上画出的一个个同心圆来表示。

电流能够产生磁场，是丹麦物理学家奥斯特发现的。在历史上丹麦诞生了两个大物理学家，一个是大家耳熟能详的玻尔，另一个就是奥斯特了。在 1819 年奥斯特发现电流可以产生磁场后，不过两年时间，法拉第就利用这个现象发明了电动机。

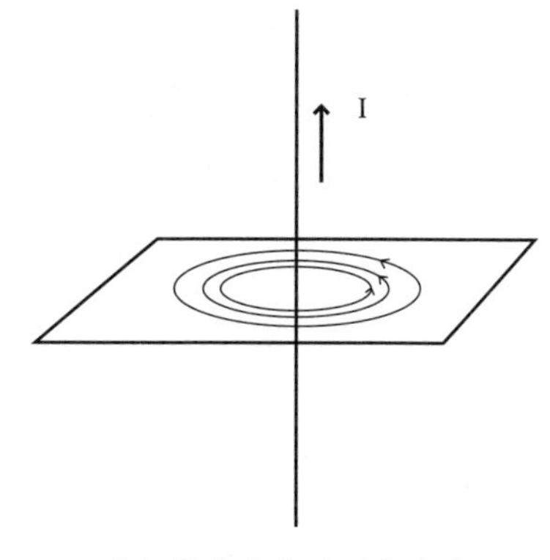

通电导线产生的磁场方向

那么，电磁感应现象又是怎么回事呢？还用我们刚才做的那个小实验：先把电线做成线圈，再拿一个磁铁穿过这个线圈，这时就会发现，线圈会短暂地出现电流。

为什么这个线圈会出现电流？因

为出现了电场，从而推动了线圈中的电子，当磁铁穿过线圈时，线圈附近的磁场就发生了变化。

法拉第定律是当磁场发生变化时，电场就会产生。这样我们就能理解“电磁感应现象”了，也就是磁场电场互相感应。

在法拉第发现电磁感应一年后，就有人发明了发电机。发电机的原理是，用机械力推动磁铁转起来，转动的磁铁使固定的电线线圈产生电流。我们日常所用的电灯中的电流就属于这种电流。

法拉第定律认为，磁场变化会导致电场出现。而楞次定律指出了新出现的电场的方向。

法拉第 1831 年的这个发现，彻底改变了世界。从那时开始，人类进入了电气时代。当然，法拉第在 1821 年发明的电动机，在电气时代是不可或缺的。

我们经常会说，18 世纪中叶出现了第一次工业革命。第一次工业革命的代表作瓦特蒸汽机和珍妮纺织机其实都是在牛顿力学的基础上制造出来的。

而发生在 19 世纪中叶的第二次工业革命，则受惠于电磁学的发展，法拉第在电磁学发展中起到的作用超过了其他的所有人。

至于法拉第的个人故事，可以说是一个经典的穷小子逆袭的故事。

1791 年，法拉第出生于英国的一个铁匠家庭。因为家里穷，法拉第几乎没有受过什么正规教育，只上过两年小学。为了生计，法拉第 12 岁就当了报童，13 岁就到一个书商家里当学徒。在书商家里做事，正好给了他读书的机会。他在《大英百科全书》里偶然看到了关于电学的部分，从此就喜欢上了电学，还自己动手制作了静电起电机。法拉第的这个经历为他后来发明电动机打下了基础。

后来，法拉第参加不同科学家举办的演讲活动，在这些活动中，他遇到了他的贵人——英国物理学家、化学家戴维（戴维尽管是法拉第的贵人，但同时也给法拉第带来了不少波折）。戴维是一位了不起的科学家，比如钠、钾、镁、钙等很多化学元素都是他发现和提纯的。20 岁的法拉第成了戴维的助手。

法拉第

1813 年，戴维带着 22 岁的法拉第从英国出发去欧洲大陆旅行。这时的法拉第不像是戴维的学生，更像是他的仆人。但是法拉第不在乎这些，他好好地利用了这次旅行，向很多大科学家学习，还学会了法语和意大利语。

慢慢地，戴维发现法拉第将来的科学成就有可能超过他，不免产生了嫉妒心。于是，他对法拉第说，你得去跟一个人学习如何制造高纯度的玻璃，好用来制造望远镜。法拉第比较老实，就真的去学习如何制造玻璃了。学了很久，他也无法制造出那种玻璃。要知道，制造望远镜需要的玻璃不仅是一门技术，更是一门艺术。至今，世界上也只有极少数的几家公司能够制造大型望远镜所需的玻璃。

尽管法拉第在制造玻璃上浪费了不少时间，但他还是很快就回到了正轨，他在 30 岁时发明了电动机，40 岁时发现了电磁感应现象。

当然，他在其他物理领域和化学领域也有不少发现。法拉第在英国物理学界的地位处于牛顿和麦克斯韦之间，是英国最伟大的物理学家之一。

法拉第不喜欢荣誉，拒绝了女王授予他的爵位，也拒绝了很多其他荣誉。

那么，是不是可以说电磁学是法拉第一个人建立起来的呢？当然不是，除了法拉第，还有下堂课里我们要讲到的麦克斯韦；在法拉第之前，还有丹麦的奥斯特，他发现了电流能产生磁场；还有安培，他发现了磁场的方向是如何确定的，也就是安培定律，当然，安培还发现了楞次定律。

牛顿力学启动了第一次工业革命，电磁学启动了第二次工业革命。在我看来，量子力学启动了第三次工业革命。如果说牛顿几乎以一人之力建立了牛顿力学，那么，在电磁学建立的过程中，法拉第就是在实验方面贡献最大的人。

我们还发现，无论是牛顿还是法拉第，他们出身都很普通，法拉第甚至是一个逆袭的偶像。同时，他们都是英国人，这也奠定了英国在西班牙之后称霸世界的科学基础。

课堂总结

电流会产生磁场，这是电动机的电磁学基础；变化的磁场会产生电场，这是发电机的电磁学基础。

在下堂课中，我将要讲一下已经提到的麦克斯韦，讲一讲他如何建立了一个完整的电磁理论。在这个理论的基础上，第二次工业革命的科学基础完成了的它的闭环，也就是出现了电磁波。

囊括宇宙所有的电磁现象：麦克斯韦电磁理论

本堂课我们就来讲一下集电磁理论之大成的麦克斯韦理论。

可以说，麦克斯韦是位于牛顿和爱因斯坦之间最伟大的物理学家。为什么这么说呢？因为麦克斯韦建立了完整的电磁理论。在宇宙中，电磁现象是继万有引力之后的第二个基本物理现象，或者叫作基本相互作用。电磁理论是基础理论，也是我们日常生活中用到最多的理论，无论是电力，还是电磁波通信、计算机等，都离不开电磁理论。

那么，麦克斯韦是如何做到的呢？

第一，他将法拉第的“场”的概念完整且彻底地用到了电磁现象中，从而让人们接受了“场”的概念。第二，他将法拉第的电磁感应现象进行了普及化推广。关于第二点，在这里要稍微解释一下。上堂课说到，法拉第发现磁场的变化会诱导出电场，而麦克斯韦发现，电场的变化也会诱导磁场的变化。麦克斯韦的这个发现比法拉第的发现晚了 30 多年，可见是一个相当难的发现。

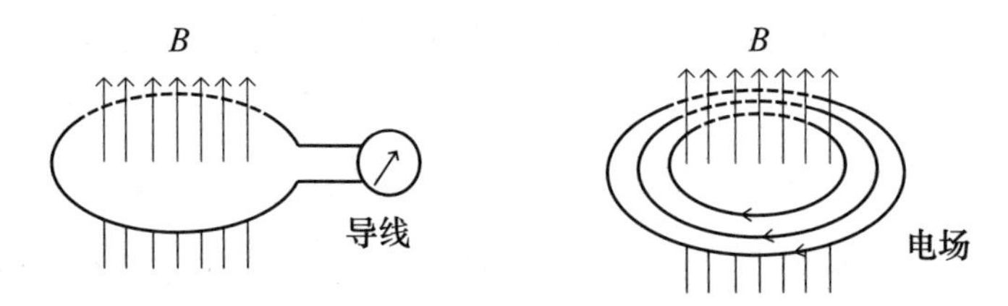

变化的磁场产生电场

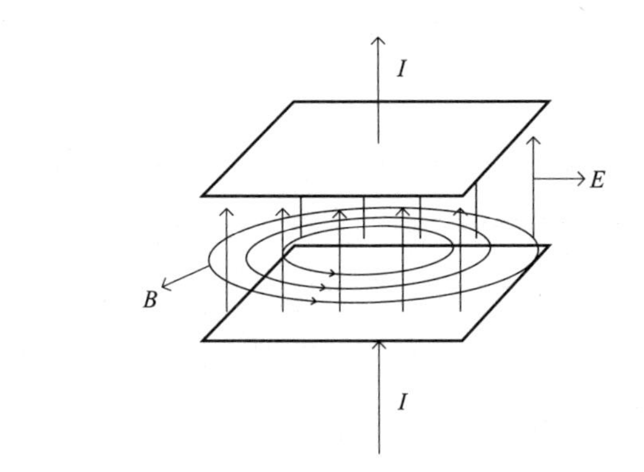

变化的电场产生磁场

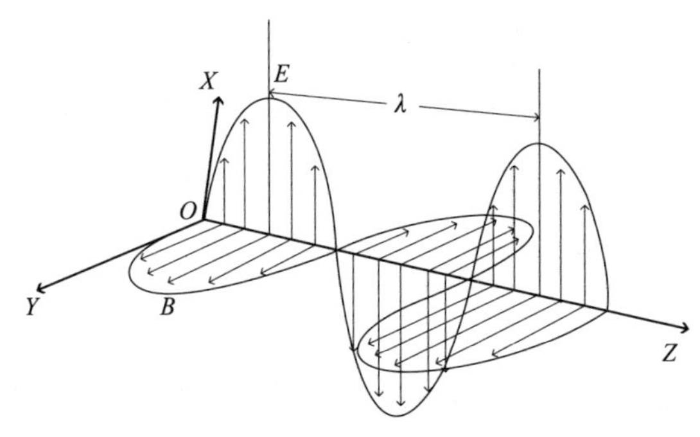

轴上各点的电场方向和磁场方向

有了电场诱导磁场，麦克斯韦很快就预言了电磁波。

那么，如何理解电场变化也会诱导磁场变化呢？

这里我要先强调一下，法拉第的电磁感应现象，也就是磁场变化诱导出电场的现象，完全是一个实验发现。现在，对这个现象的一个最简单的实验展示，就是将一个磁铁从一个导线线圈中穿过，这时导线线圈就会产生电流。这是因为线圈中的电场驱动了导线中的电子。但是，法拉第当初的演示比这个复杂，他在一个圆环上绑了两组线圈，将其中一组线圈通上电后，这组线圈因为突然出现电流而产生了一个变化的磁场，于是，另一组线圈就产生了电流。

也许大家会说，麦克斯韦的电场变化导致磁场变化也可以做类似的实验啊。其实，很难做类似的实验。这是因为，若没有磁荷，就没有像电流一样的磁流去产生一个变化的电场。大家会问，电流不是会产生磁场吗？不错，这是奥斯特的发现，但电流不是变化的电场，电线中虽然有电荷在流动，但电线是中性的；电线中的电子向一个方向流，但电线中还有原子核的正电——它们不流动。所以，想要做一个类似法拉第的实验还真是挺难的。

现在我们能够很容易地做出这样的实验，可以说是事后诸葛亮，因为这是在我们知道麦克斯韦发现的现象后做的实验。比如，拿一个电容器就能做这样的实验了。什么是电容器呢？就是两个平行的电板，让不同的电板分别带上正电和负电，让正电荷和负电荷变化，就会产生变化的电场了。

那么，麦克斯韦到底是怎么发现这个新现象的呢？

答案是你完全想不到的，麦克斯韦是通过数学发现这个现象的。

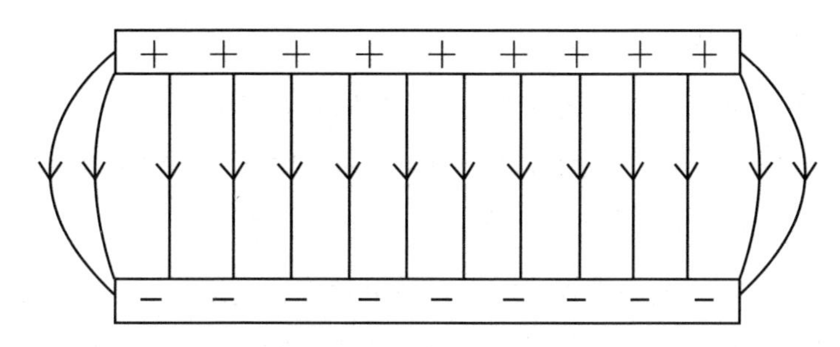

带电平行板电容器的电场线

1862 年，他研究了法拉第的“场”的概念，之后试图将牛顿力学的方法用到“场”的概念上。牛顿认为，可以将力作用于物体产生加速度写出一个方程。因此，麦克斯韦发现，电荷产生电场也可以写出一个方程，电流产生磁场也可以写出一个方程，没有磁荷也可以写出一个方程，法拉第的变化磁场诱导电场也可以写出一个方程。就这样，一共出现了四个方程。

这四个方程是麦克斯韦第一次写出来的，里面有四种东西：电荷、电流、电场和磁场。看到这里，大家可能觉得挺好，四种东西，四个方程。但麦克斯韦觉得不好，他发现，四个方程之间存在矛盾，它们不可能同时成立。他还发现，如果修改一下其中一个方程，即电流会产生磁场的那个，让电场变化也产生磁场，就没有问题了。就这样，历史上第一次有人通过纯粹的数学发现了一个物理现象。

麦克斯韦这组数学方程不仅预言了一个新现象，也就是变化的电场会产生磁场，还预言了一个新的存在——电磁波！

为什么这样说呢？假设想办法用电容器产生变化的电场，那么根据麦克斯韦理论，就诱导出了磁场。如果这个磁场也在变化，那么根据法拉第理论，又产生了电场。就这样，电场、磁场生生不息，同时还在变化，这就是电磁波。

如果你觉得还不那么直观，那么我们看看水波，水波就是水面上水的高度不断变化产生的现象。同样，每一个地方的电场和磁场都在不断变化，这不就是电磁波吗？

1862 年，麦克斯韦在他的方程组里发现了电磁波。不仅如此，他还发现，电磁波的传播速度约为 31 万千米 / 秒，和当时测量到的光速差不多。于是，1864 年，他做了第二个伟大的预言：光也是电磁波！虽然麦克斯韦的电磁波速度比真正的电磁波速度快了一点点，这是由于那时的实验误差所致。麦克斯韦的实验，并不是直接测量电磁波的速度，而是利用其他物理学常数预言电磁波速度，而这些物理学常数也需要实验来测量。

后来，德国物理学家赫兹在实验中第一次验证了电磁波的存在，验证了麦克斯韦的伟大预言。不过，赫兹在 1888 年发现电磁波的时候，麦克斯韦已经去世 9 年了。

到这里大家就可以理解为什么说麦克斯韦是位于牛顿和爱因斯坦之间最伟大的物理学家了。

接下来，我们谈谈麦克斯韦这个人。说来凑巧，麦克斯韦出生在法拉第发现电磁感应现象的那一年。虽然我们常说他是英国物理学家，但其实他出生在苏格兰。与法拉第不一样，麦克斯韦的家庭条件相当不错，他的父亲是个准男爵，因此他能够在 16 岁就进入爱丁堡大学学习。18 岁的时候，

麦克斯韦

麦克斯韦就发表了两篇关于物理学和数学的论文。没错，伟大的科学家往往是早熟的，所以，“出名要趁早”这句话在科学界也是成立的。说到这里，我想起了著名量子物理学家泡利的名言：“你怎么这么年轻还这么没有名气？”

在爱丁堡大学学习了3年，麦克斯韦觉得还不够，于是他又去剑桥大学学习了3年，并以第二名的成绩毕业。

麦克斯韦一生最大的物理学成就当然是他的完整的电磁理论，这个理论让我们受益至今。不仅如此，这个理论还催生了相对论，这要等我们讲相对论的时候再仔细谈。

除了电磁理论，麦克斯韦还有很多物理学贡献，其中仅次于电磁理论的，就是统计物理学了。我们在热学部分谈到了熵增，谈到了玻尔兹曼。玻尔兹曼用原子、分子的统计学解释了熵及熵增。其实，统计物理学的创立者不是玻尔兹曼，而是麦克斯韦。

麦克斯韦做了什么呢？他假设气体是由分子组成的，然后提出了一个问题：大量的分子在速度上是怎么分布的？麦克斯韦还是用数学得到了结果。不仅如此，他还设计了实验验证了这个名为麦克斯韦分布的理论。大家可能会问，分子不是到20世纪初才被证实的吗？麦克斯韦怎么可能验证这个结论呢？答案是，麦克斯韦的实验虽然不能看到一个一个的分子，却可以看到气体的浓度。

在电磁理论和统计物理学之外，麦克斯韦还有很多贡献。比如，他研究了天文学和力学，还研究了土星环。麦克斯韦不仅是理论家，也是实验家，他在剑桥大学创建了卡文迪许实验室，这个实验室走出的诺贝尔奖获得者比整个亚洲的科学诺贝尔奖获得者还要多。

当然，在麦克斯韦之后，德国物理学家赫兹对电磁学的贡献也是不可磨灭的。没有赫兹证实电磁波的存在，就没有我们今天的电子通信。

课堂总结

电磁学启动了第二次工业革命。在电磁学建立的过程中，在法拉第之后，麦克斯韦的贡献最大，因为他建立了完整的电磁理论，预言了电磁波，同时，他还通过电磁理论统一了光学和电磁学，因为光就是一种电磁波。

变化的电场产生磁场，电场和磁场相互诱导产生了电磁波，电磁波的速度与光速一样，光也是电磁波。

到此为止，关于电磁现象的三个内容模块就结束了。从下一堂课开始，我们要讲讲令人脑洞大开的量子力学。

第 4 章　量子力学

量子的猜测：普朗克量子假设

从本堂课开始，我们要用 14 堂课来讲量子力学及其应用。

量子力学的第一堂课，当然是关于量子论的开山鼻祖普朗克的。

那么，普朗克到底做了什么呢？

他认为，光里面的能量是一份一份的。什么意思呢？比如，我们可以说水波的能量可大可小，波浪小的时候，它的能量小，波浪大的时候，它的能量大。而且，波浪的能量从 0 到无限大，中间是连续的。

光也是波，这个事实在 19 世纪初就被物理学家发现了。因此，我们想当然地认为，光的能量和波浪一样，也是从 0 到无限大且连续不断的。

普朗克却说，不对，光的能量是一份一份的。比如，你打开激光笔，激光的波长或者频率是固定的。普朗克的发现告诉我们，这个激光的能量有一个最小的部分，这部分的能量与激光的频率成正比，系数就是普朗克常数。当然，普朗克常数非常小，因此，一个光子的能量也非常小。

聪明的你很快就会推导出，激光的能量就是最小能量的整数倍。没错，你的推导是正确的。不过，普朗克在 1900 年左右就推导出这个结论了。

接下来，我们说说普朗克是如何推导出这个结论的，以及这个结论的具体意义是什么。

回顾一下玻尔兹曼的统计力学，任何气体都是由分子或者原子构成的，玻尔兹曼发现了其中的一个重要规律，即物体中分子的能量和物体本身的温度是成正比的。

19 世纪末 20 世纪初，物理学家们想把玻尔兹曼的理论应用到光的研究领域。我们知道，1888 年，赫兹用实验证明了电磁波的存在。所以，19 世纪末 20 世纪初的科学家们想要对光，也就是对电磁波具有的能量进行研究。

太阳光照射到地球上有固定的能量。太阳的表面温度大约有 6000℃，因此太阳发出的光的温度也是 6000℃左右。如果把太阳光和地球上的光做类比，就会知道地球上的光也有温度。比如，我们将一个炉子里的火点燃，并把炉子密封起来，那么它里面就会产生光。当这些光的能量和燃烧的物体之间取得一个平衡时，就有了温度，就像太阳光一样。

这个时候，物理学家们就想把麦克斯韦的理论和玻尔兹曼的分子原子理论结合起来。他们设想：如果给气体设定一个温度，能够计算出它包含多少能量，那么给光和电磁波设定一个温度，应该也能计算出它有多少能量。

当物理学家们把这个公式应用到麦克斯韦理论中时，发现这个能量是无限大的。当然，如果一个物体有无限大的能量，这倒是一件好事，因为这样我们就会有取之不竭的能源。但事实是，没有一个物体有无限大的能量。

那么，物理学家们怎么会计算出光和电磁波拥有无限大的能量呢？这是因为，光和电磁波与普通物体之间存在着一个根本的不同之处——物理学家们并没有假设光和电磁波是由分子和原子构成的，而认为光是连续的。这就像我们不会去分解一杯水一样，因为我们认为一杯水是连续的。物理学家也假定在空间里充满了光，这些光是连续的。按照麦克斯韦的理论，光呈现出的是连续的波的状态。简单应用一下玻尔兹曼的理论，物理学家们发现光有无限大的能量。

而普朗克认为，物体的热辐射所发出的光的能量并不连续，而是一份一份的，一份光的大小等于光的频率乘以一个很小的常数。这个常数后来就被叫作普朗克常数。其实我们所说的量子，就是指这种物理量本身不连续、总是一份一份分布的特性。

这个伟大的发现开启了通往量子世界的大门。

普朗克将光的最小能量叫 quantus，也就是我们今天所说的量子。这就意味着，虽然这些波从表面上看是不可分割的，但其实它具有的能量是可以分割的，并且能分割到最小的单位——量子，这个量子有固定的能量。因此，尽管光不像普通物体那样包含分了和原子，但是它的能量是由量子组成的。这样一来，通过已知的由麦克斯韦、玻尔兹曼等人建立起来的理论，就能计算出电磁波和光的能量，这个能量是有限的。普朗克常数非常小，小到什么程度？一个普通的白炽灯，每秒钟就会释放万亿亿个光量子。

普朗克还给出了一个新的公式，解释了光的能量与温度之间的关系：一个单位体积里的光的能量，是随着温度的四次方变化的。也就是说，光的温度提高到 2 倍，它的能量就提高到 16 倍；光的温度提高到 3 倍，它的能量就提高到 81 倍。由此一来，普朗克终于得到了一个不朽的公式，这就是普朗克公式。

通过普朗克公式，我们知道了光的能量和温度之间的关系，还能计算出不同频率之间的光的能量。波的频率越大，或者说波长越短，波的能量也就越大。

按照我们的习惯，接下来也该说说普朗克本人了。

普朗克童年时的爱好并不是科学，而是音乐和文学。我们都知道，普朗克在物理学家中以善于演奏钢琴而闻名，而爱因斯坦以演奏小提琴而闻名。据说，普朗克演奏钢琴的水平要远远高于爱因斯坦演奏小提琴的水平。当然，因为当年既没有录音带，也没有 U 盘，所以这些只是传说，并没有实证。

普朗克

据说普朗克后来转向物理学研究，是受到了他的一位中学老师的启发和激励。这位老师名叫缪勒，这是德语中一个常见的名字。他给普朗克讲了一个故事，让普朗克对物理学产生了兴趣。故事是这样的：一个建筑工人费了很大力气把砖头搬到了屋顶上，于是他耗费的能量就被砖头储存了起来。一旦砖头风化之后松动了，从屋顶落下去，能量就会被释放出来，如果砸到了人就会使人受伤。这种能量的转移和释放就是能量守恒。

缪勒讲的故事给普朗克留下了终生难忘的印象，普朗克把兴趣爱好从音乐和文学方面转移到了物理学方面，为他日后的研究工作打下了基础。

一位物理学教授曾劝说普朗克，希望他不要学习物理。因为从当时的物理学发展的角度来看，“这门科学中的一切都已经被研究了，只有一些不重要的空白需要填补”。但是普朗克没有知难而退，他给这位教授回信说：“我并不期望发现新大陆，只希望理解已经存在的基础物理学，或许能将其加深。”在这个信念的指引下，普朗克开始了物理学的研究。

关于普朗克，流传得最广的却是下面这个故事。

在获得诺贝尔奖以后，普朗克经常被邀请到各个大学去做演讲。但是每次他的报告内容都是一样的。久而久之，他的司机对他的演讲内容也能倒背如流了。有一次，司机对普朗克说：“你的报告我已经倒背如流了，干脆下次演讲让我去吧。”普朗克答应了。到了再次演讲的时候，司机就顶替普朗克上台做演讲，而且很顺利地完成了。但到了接下来的观众提问环节，有个观众问了一个专业问题，把司机给难住了。幸好司机反应很快，回答道：“这个问题很简单，连台下我的司机都能回答，让他来和你说吧。”然后坐在台下的普朗克就上台救了场。

普朗克在拿到诺贝尔奖之后，不但变得很富有，而且还成为德国最著名的柏林大学的教授。这样看来，他这辈子似乎不用继续努力拼搏也可以过得不错了。但是，普朗克不幸地经历了两次世界大战。普朗克的妻子早已去世，1916 年，在普朗克 58 岁时，他的大儿子也在第一次世界大战的战场上阵亡了。他不得不承受老年丧子之痛。而到了第二年，他又失去了一个女儿。又过了两年，他又失去了另一个女儿。更不幸的是，在接下来的第二次世界大战中，他的二儿子被希特勒处死了。

最后，我要再重复一下这个观点：牛顿力学开启了第一次工业革命，电磁学开启了第二次工业革命。自普朗克发现量子后，物理学家们通过差不多 30 年的努力，建立了量子力学，量子力学开启了第三次工业革命。

课堂总结

光的能量不是连续的。光的能量的最小部分是量子，而光的能量与光的频率成正比。

不过，普朗克的发现只是整个量子力学的开端，我们下一节谈谈量子力学中的第二个英雄人物以及他的发现，这个人的名字叫爱因斯坦。

爱因斯坦的创举：光电效应

在量子力学的第二堂课里，我们讲讲爱因斯坦对量子论的贡献。

如果说普朗克第一次引入了量子这个概念，那么，爱因斯坦将普朗克的发现做了具体的呈现。

爱因斯坦做了什么呢？我们先回顾一下普朗克做了什么。普朗克为了使光在给定温度下的能量不至于变成无限大，假设了光的最小能量单元，即量子，光的最小能量与其频率成正比，系数叫作普朗克常数。

但是，普朗克并不知道量子是不是一个物理单元，也就是说，他不知道是否存在一个实体，其携带的能量就是这个最小单元。实现这个跨越的是爱因斯坦，这个发现比普朗克引入量子这个概念晚了5年。

爱因斯坦说，其实，量子不是别的，就是光子，光子是一个实体，就像原子、电子一样。可以说，光子就是光的原子，一束光，如果是单色的，其频率是固定的，那么这束光就是由同样的光子组成的，它们携带的能量一样大。如果光束由不同频率的光组成，那么这束光里就有不同的光子。

爱因斯坦还更进了一步，认为每一个光子不仅有固定的能量，还有固定的动量，这样光子与粒子就更像了。

1905 年，原本默默无闻地做着物理学研究的爱因斯坦，一年之内就提出了 3 个震惊世界的重大发现，分别是狭义相对论、布朗运动和光电效应。由于爱因斯坦的惊人表现，后世的人们把 1905 年称为“物理学奇迹年”。其中，光电效应就与光子有关。

在爱因斯坦的三大发现中，光子概念的提出，是人类在理解量子世界的道路上迈出的第二步。爱因斯坦也因此获得了 1921 年的诺贝尔物理学奖。

你也许会说，牛顿不是早在几百年前就提出了光的微粒说了吗？爱因斯坦提出的光子的概念和牛顿的理论有什么区别呢？

其中有一个最重要的区别在于，在牛顿的概念里面还没有基本粒子。牛顿只是说，在光里面有单个的粒子，光是由单个粒子组成的，这样就能解释为什么光在空气里面走的是直线。但是牛顿没有把光的粒子和能量结合起来。把光的粒子和能量结合在一起的第一个人，是爱因斯坦。

在普朗克提出量子概念 5 年之后，爱因斯坦在 1905 年 3 月发表的一篇论文里指出：这些量子其实是真实存在的，而不是假想中的一份一份的能量。这些量子有实体的能量，它们就是我们今天十分熟悉的光子。组成光的这些光子，从根本上来讲非常类似于物质里面的分子和原子。这就是爱因斯坦的概念与普朗克的概念之间的区别，以及爱因斯坦的概念和牛顿的“光的微粒说”之间的区别。

为什么爱因斯坦提出的狭义相对论和广义相对论都没有获得诺贝尔奖，却因为这样一个理论获奖了呢？因为爱因斯坦和普朗克的区别在于他解释了另外一个实验。普朗克的理论能够做到的是，给定范围的光里面有多少能量，太阳每秒钟辐射多少能量，这些都可以用普朗克公式计算出来。但是普朗克没有涉及另外一个实验，就是我们所说的光电效应。

那么，什么是光电效应？

物理学家在做实验时发现了一个现象：用光照射金属就可以从其内部打出电子。这并不奇怪。光可以把自身的能量传递给电子，使它获得足够的能量从而逃脱金属原子对它的束缚。但奇怪的是，这种现象依赖于光的频率。在一定频率之上的光，只要一照就可以从金属中打出电子；而在此频率之下的光，无论照多长时间也无法把电子打出来。这就很难理解了。因为在经典力学中，能量是连续的。打个比方，要把一个大水缸里装满水，按理说，你用大脸盆一盆一盆地往里倒水，可以把水缸装满；你用小水杯一杯一杯地往里倒水，也可以把水缸装满。但现在，光电效应实验告诉我们，用大脸盆可以把水缸装满，用小水杯就不能把水缸装满了。

这是怎么回事？

爱因斯坦说，这是由于光本身并不连续，它是由一个个叫光子的微粒组成的。光子的能量取决于光的频率，频率越高，光子的能量就越大。

为什么用光子能解释光电效应？

很简单。如果一个光子的能量比较大，它传递给电子的能量也比较大，只要这个能量大到让电子足以挣脱金属原子的束缚，电子就会立刻从金属里跑出来。但如果光子的能量比较小，它传递给电子的能量也比较小，要是这个能量一直小于电子逃出去所需要的最低能量，电子就会一直被束缚在金属内部。

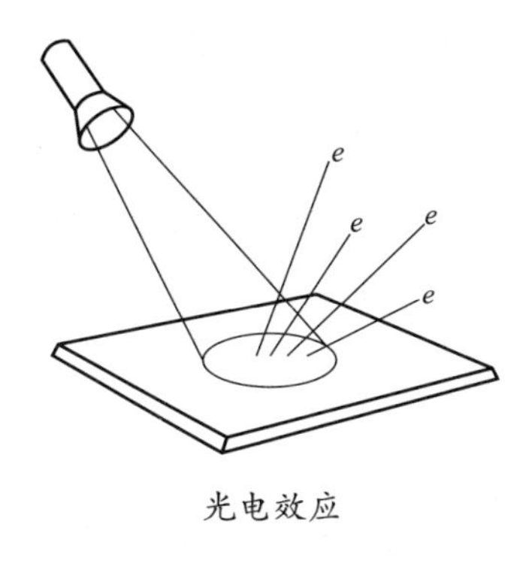

光电效应

爱因斯坦提出的这个概念很好地解释了光电效应，而且不仅解释了实验现象，还可以用来计算。比如，我们现在就可以计算出要打出一束光所使用的电流大小。

在大学的实验室里就可以做这个实验：用一束电筒光照射到金属板上，金属板上不会发射出电子。原因很简单，因为电筒发出来的主要是可见光，而可见光的频率不够高。如果我们用一束紫外光来照射金属板，就可以把电子打出来。因此，爱因斯坦在光量子理论中最大的成功之处就在于，他提出了光电效应。光电效应在日常生活中的很多地方都可以用到，例如光鼠标、光敏电阻、光电二极管、光电三极管。

光子概念的提出，让量子论有了坚实的理论基础。

爱因斯坦在 1905 年 5 月发表的另一篇重要论文与狭义相对论有关，发表的时间要比有关光量子的论文晚两个月。

关于爱因斯坦其人，我们听说过很多关于他的故事。比如，他在 16 岁的时候就开始想象，如果跟着光跑会看到什么现象。正是这个想象，促使他提出了狭义相对论。但是他提出光量子的概念确实没有任何故事。毕竟在 1895 年，普朗克还没有提出量子的概念，这时在爱因斯坦的头脑中也没有产生光子的概念。

我前面说过，爱因斯坦的光子概念的想法很“革命”。为什么说爱因斯坦的想法很“革命”呢？因为这个概念连普朗克本人都不能接受。比如，在推荐爱因斯坦担任普鲁士科学院会员的时候，普朗克在推荐信中写道：“即使像爱因斯坦这样的人，也会犯错，例如，他提出了光子的概念。”

我曾经说过，人类历史上有两个最著名的物理学家，一个是牛顿，另一个就是爱因斯坦。类似于牛顿的人生经历，爱因斯坦的早年生活也是挺不顺的。他出生在德国的一个犹太家庭，为了避免在德国军队里服役，爱因斯坦跑到瑞士去考大学。结果第一年高考时他落榜了，到第二年才考上苏黎世理工学院。爱因斯坦是一个恃才傲物的人，他在大学期间经常不去听课。更糟糕的是，他那时的大学课堂不像现在的大学里讲大课那样，一个教室里能有几十甚至上百个学生，一个人不来上课，老师可能还发现不了。但在爱因斯坦上大学的时候，一个教室里只有 10 个学生，一个人不去上课，老师一抓一个准。由于爱因斯坦经常不去上课，他的老师们对他都很不满。当时，他们物理系的系主任韦伯，就曾批评爱因斯坦不喜欢听从他人的意见。这就导致了一个很严重的后果，就是当爱因斯坦毕业的时候，他没能在大学里找到工作。

爱因斯坦

在大学毕业后的两年时间里，爱因斯坦过得相当艰难，他曾经在中学教过课，给小孩子做过家教，甚至还当过一段时间的无业游民。

后来靠着一个大学好友的父亲帮忙，才在一个专利局里找到了一份稳定的工作。这份工作薪水不高，但是比较有空闲，也正因为这样，爱因斯坦才有时间从事他心爱的物理学研究。

幸好有这份清闲的工作，让爱因斯坦在做普通职员期间，有了几个伟大的物理学发现，其中任何一个搁在今天，都可以让一个物理学家不朽。

爱因斯坦的光子概念，是普朗克量子的具体实现，这个概念解释了新的物理学现象，也就是光电效应。光子不仅携带与其频率成正比的能量，也携带一个固定的动量。

在谈到量子力学的时候，我们还将谈到，爱因斯坦的光子概念是物质波概念的先驱，也就是说，一个微小的光子既可以是波，也可以是粒子。

爱因斯坦提出光电效应后，还要再等上 8 年，才会在建立量子论的道路上出现第三个重要人物——玻尔。那么，玻尔到底做了什么呢？

量子的诞生：玻尔的原子模型

我们已经讲了量子论的两位开山鼻祖，即普朗克和爱因斯坦。而量子论有三位开山鼻祖，第三位就是玻尔。

1905年，爱因斯坦发表了相对论，还发表了有关量子论的第二篇重要论文，也就是关于光子的论文。

爱因斯坦说，光是由光子组成的，普朗克的光量子其实就是光子。这么简单的一句话，却是爱因斯坦获得诺贝尔物理学奖的主要原因。为什么？因为爱因斯坦走得比普朗克远，他发现了光的“原子”。

今天，我们侧重谈谈玻尔的原子，即构成物质的基本成分。那么，玻尔到底做了什么呢？

玻尔发现了原子的“太阳系”结构，也就是说，处于原子中心的是原子核，类似太阳；一些电子绕着原子核转，类似行星。不过，这些电子行星和太阳系中的行星不一样，它们的轨道必须满足所谓的“量子化”。

那么，什么是“量子化”呢？

也可以用简单的一句话来表述：原子里的电子轨道不是任意的，要满足一定的条件。下面，我来详细解释一下玻尔是如何发现这个条件的。

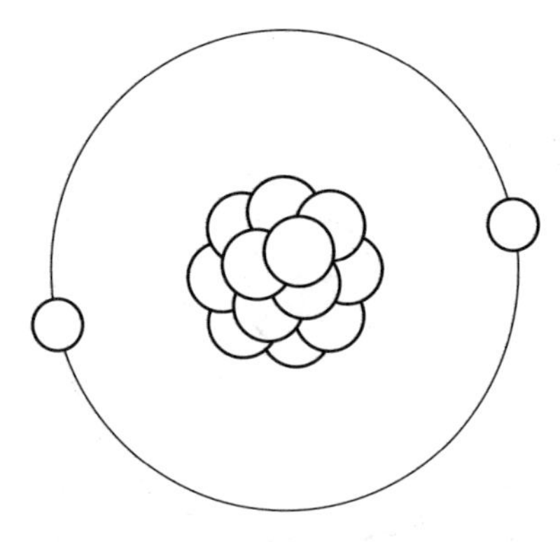

玻尔提出的原子的“太阳系”结构

玻尔在研究原子的时候，受到光谱学的启发。光谱学，是 19 世纪下半叶的一个非常重要的物理学分支。

煤炭燃烧的时候，我们可以测量这块煤炭发出的光的频率以及光的颜色。一块铁被熔化的时候，铁的温度会变得非常高，同时也会发出光。现在我们还有激光器这样的科学仪器，可以测量物体发出的光。这些物体能发光都是因为物体里的原子在起作用。也就是说，当我们把一个原子加热到一定温度时，它就会发出光来。这是什么原理呢？

我们以氢原子为例进行解释。氢原子是一个什么样的结构？它的中间有个原子核，原子核外面有个电子在绕着它转。如果我们把每一时刻电子所在的位置都描绘出来的话，电子就有了一个确定性的轨道。玻尔也是这么想的。他认为，电子在原子里面有确定的轨道。但是这些轨道不是任意的，不像我们通常想的那样。如同地球围绕太阳运转，尽管地球距离太阳有 1.5 亿千米，但是它仍然有一个轨道。即使有一种神奇的力量把地球向太阳拉近一点点，这个轨道也仍然存在。

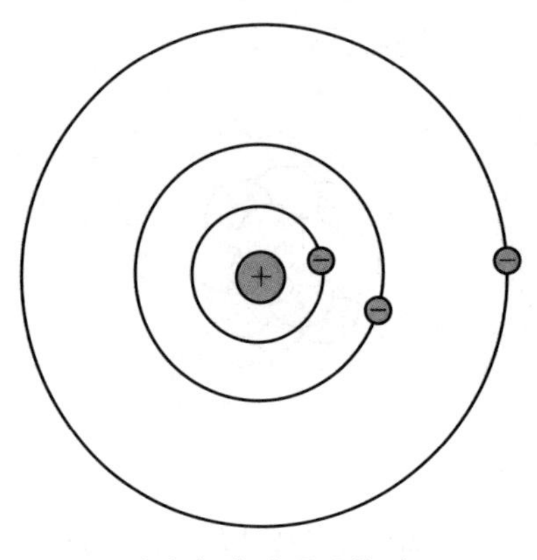

玻尔提出的原子轨道

那么在原子里面，我们是不是可以把电子向原子核挪近一点点，又或者把电子和原子核之间的距离拉开一点点呢？玻尔说不可以。他认为，电子只能在一些具有确定性的轨道上运转，而这些轨道是可以计算出来的。当然，这些轨道有很多，或者说有无限个。这无限个轨道都不是任意的，而是可以用自然数来标记的，比如第一个轨道、第二个轨道、第三个轨道和第四个轨道等。那么，玻尔又是如何发现这些轨道可以用整数标记的呢？

19 世纪下半叶，一些实验物理学家发现，氢原子发出的光的频率也可以用整数进行标记。光谱并非如同我们想象的那样，是连续性的一个长条，而是一条一条分开的。这就说明，电子在原子里面的轨道必须是能够通过整数标记的，是一条一条分开的，而不是连续变化的。

玻尔的这个发现，对量子论来说非常重要。因为它说明电子的轨道是一条一条变化的。其中有一个常数也被引入了，这个常数就是普朗克常数。量子论从此进入了量子力学的阶段，尽管那时的物理学家还没有用到量子力学这个概念。

为什么说玻尔对量子力学做出了重要贡献呢？就是因为他标定的轨道里面有普朗克常数，而这个常数是量子力学里面的一个非常重要的常数。这就有点像普朗克发现光的能量子也就是量子一样。我们把所有可以通过这样分开的整数来量度的东西统称为量子。所以，从某种意义上来说，玻尔发现了原子里面的量子，也就是原子的能级。能级是一条一条分开的，当电子从一个轨道上跳到另一个轨道上，也就是从一个能级跳到另一个能级上时，它发出来的光是一条一条分开的。而在氢原子里面有一个著名的光谱，叫巴耳末谱线。玻尔用自己的理论，精确地重新计算出巴耳末谱线，这是玻尔了不起的成就。当然，玻尔能把氢原子的一个简单模型推广到所有的原子上，也是他了不起的地方。

用玻尔的简单氢原子模型来看，当电子从一个能量的状态跳到另一个能量的状态，要辐射一定能量的光，而这个光的光谱是可以被测量的。通过爱因斯坦的理论可知，光辐射出来的光子的能量和它的频率有关。所以，当测量出这个光子的频率的时候，我们就确定了这个光子从氢原子里跑出来时它的能量是多少。当我们测量了光子的能量，也就确定了这个电子是从哪个轨道上跑到另一条轨道上的。

当然，玻尔的轨道概念只是临时性的。在这之后，又过了 12 年，海森堡用量子态取代了轨道。在海森堡那里，是不被允许谈论轨道的，因为电子不存在轨道，只能说从一个能量的状态跳到另一个能量的状态。海森堡到底发现了什么？我们再过三堂课来谈。

关于玻尔的故事，比普朗克的要多，因为玻尔这个人带的学生太多了，就像苏格拉底的那些学生一样，普朗克的学生也会讲关于他的故事。

一提起科学家，很多人脑海中立刻浮现出一副身单力薄、病歪歪的形象。但事实上，科学家中也有不少“肌肉男”，其中最典型的就是玻尔。玻尔年轻时是一个非常有名的足球运动员。他还有一个后来做了数学家的弟弟，比他更厉害的是，他的弟弟曾经作为丹麦国家足球队队员参加过奥运会，并且获得了奥运会的银牌。兄弟俩都曾效力于哥本哈根大学足球队，这是一支很强的球队，多次获得丹麦全国比赛的冠军。玻尔是这支球队的替补守门员。为什么是替补呢？因为玻尔所在的球队很强，一般都是他们去围攻对手的大门，很少会被别的球队威胁自己的球门。作为这支强队的守门员，玻尔绝大多数时间都是很闲的。为了打发时间，他养成了一个“坏”习惯，就是在空闲的时候找几道物理题算算。有一次，他们的球队和一支德国球队比赛，玻尔又习惯性地开始计算物理题了。结果德国球员发动反击的时候，看到对方守门员在发呆，就选择直接远射吊门。而此时的玻尔还沉浸在物理的世界里，根本没注意到发生了什么，就这样被德国人攻破了球门。玻尔所在球队的教练勃然大怒，从此以后，玻尔就被贬为替补守门员了。

玻尔

玻尔是一位伟大的科学家，同时也是一个非常有人格魅力的领导者。他在他的母校哥本哈根大学创建了著名的玻尔研究所。曾经有 32 位诺贝尔奖获得者在这里工作、学习和交流过，这让玻尔研究所在 20 世纪二三十年代成为国际物理学研究的圣地。

有一次，玻尔去苏联科学院访问。有人问他：“请问您用了什么办法把那么多有才华的青年人都团结在自己的周围？”玻尔笑着回答：“因为我不怕告诉年轻人我是傻瓜。”结果翻译一紧张，把这句话翻成“因为我不怕告诉年轻人他们是傻瓜”，顿时引得哄堂大笑，因为苏联人所熟知的苏联物理学泰斗朗道就喜欢这么对待学生。

我个人常常用玻尔来激励自己，并不是因为他发现了原子结构，而是他 50 岁之后不干物理了。他清楚自己老了之后的长项：第一，做点组织工作；第二，研究一下量子力学对其他学科的作用；第三，建立一些研究所。

在玻尔的文集中，除了论文，还有很多他的演讲稿，这些演讲稿也成了经典，里面有不少关于量子论的哲学观点。当然，他的哲学不总是对的。比如，人们常常提到的互补原理，其实不如海森堡发现的原理。不过，这是另外一个话题了。

课堂总结

玻尔提出了一个与实验高度吻合的氢原子模型。在这个模型中，一个电子绕着一个氢原子核转，就像地球绕着太阳转一样。更关键的是，电子的轨道是量子化的。正是由于这个工作成果，玻尔获得了 1922 年的诺贝尔物理学奖。

玻尔将量子延伸到物质结构领域，这是人们认为他和爱因斯坦一样伟大的原因。

好了，有关量子论的第三人就讲到这里。在下一堂课中，我们要讲量子论中的另一个英雄人物——德布罗意，以及他引入的物质波的概念。

世界是矛盾的：波粒二象性

在量子力学的第四堂课里，我们终于要离开所谓的旧量子论，谈谈新量子论了。

新量子论将彻底抛弃旧量子论中粒子轨道的概念，认为粒子没有轨道，在任何时刻，每个粒子的位置都是不确定的。

但从粒子的量子化轨道到粒子的不确定性，中间走了一段比较长的路，这段路的开端是认为每个粒子都有波的性质。

量子论的第二堂课讲的是爱因斯坦提出光子的概念，认为光也是由粒子构成的。爱因斯坦还将光的频率和光子的能量联系起来，也将光的波长和光子的动量联系起来。但爱因斯坦并没有用光子的概念解释光的波动性质，在他心里，光的波动性质本身和光子是没有关系的。也就是说，存在一个独立的光波，但光波与光子的关系还不清楚。

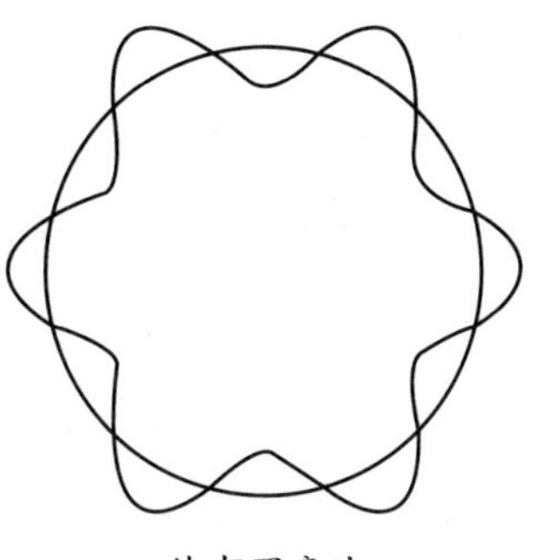
德布罗意波

到了 1923 年，德布罗意干脆认为，任何粒子都存在一种波，这种波后来被叫作德布罗意波，或者叫物质波。

德布罗意是这么想的：既然光是由光子构成的，光子才是光的实体，但光也有波动性质，那么，像电子这样的粒子是不是也有波动性质呢？电子是不是也有频率和波长呢？于是，他推广了爱因斯坦的理论。他说，如果我们假设电子也是波，那么，这个波也有频率。也就是说，在单位时间内电子振动的次数是固定的。当然，除了电子，任何粒子都有波动性质。德布罗意甚至认为，任何物体都有波动性质，比如，一块石头，一张桌子，都有波动性质。只是，由于石头和桌子太大，我们看不出来这些波动性质。

这个想法当然是革命性的。但只有这个想法还不够，德布罗意还需要将每个粒子的波的频率和波长给出来，否则就是空口说白话。

因为光子的能量和频率有关，所以德布罗意认为，任何粒子波的频率也和能量有关。同样，任何粒子的波长和该粒子的动量有关。

必须要指出的是，当时德布罗意用的能量是物体的总能量，其中包括爱因斯坦的质能关系。因为要到下一个模块才具体谈到爱因斯坦的相对论，所以在此只能提前用一下爱因斯坦著名的质能关系：物体的质量也含有能量，其大小是质量乘以光速的平方。这种含在质量里面的能量叫作静止能量，即物体不动也有能量。由于光速非常大，因此一个物体的静止能量也非常大。一个物体的能量与频率成正比，那么正比例系数是什么？这个系数不是别的，正是无所不在的普朗克常数。

因此，德布罗意说，一个粒子的能量越大，它的波动频率就越高。反过来说，粒子波的频率越高，它的能量就越大。拿一个电子来说，用量能器就可以测量电子的能量，这样就间接地测量了电子的频率。同样，电子也有动量。我们知道，如果电子是波，也应当有波长。对此，德布罗意说，电子的波长越长，它的动量就越小。于是，德布罗意就建立了他的“万事万物都有频率和波长”的理论。把这个理论用到基本粒子上，就预言了基本粒子具有波动的所有性质。

任何粒子都有波动性质，甚至任何物质都有波动性质，这些波也叫物质波，有别于光波。

现在，我们可以解释为什么我们不能看到普通物体的波动性质了，因为比起光子和电子，任何一个普通物体的质量都要大很多倍，因此，它的物质波的频率非常高，以至于我们根本无法感到它的振动。同样，任何一个宏观物体的动量比光子和电子也要大许多倍，因此，它的波长就非常短，与物体本身的长度比起来完全可以忽略。

既然德布罗意提出任何粒子，例如电子，都有波动性质，那么，我们如何来验证他的说法呢？

无非就是证明这些粒子确实存在波该有的现象。比如，任何波都会振动，就像水波，在任何一个空间点上下不停地振动。水波还会传播。最重要的是，水波和其他波一样，也有干涉现象。什么是干涉现象呢？就是两个来自不同波源的波叠加起来形成新的波纹。举例来说，如果我们只扔一块石子到水里，形成的水波波纹是圆形的，并一波一波向外扩散。如果我们将两块石子扔到水里的两个地方，开始的时候，我们会看到两个圆形波纹以石子落下的位置为中心向外扩散，当两个圆形波纹接触时，就会出现一些偏离圆形的波纹，甚至出现一些细碎的波纹，这就是波的干涉现象。

水波还有一个性质，就是可以绕开障碍物。比如，我们在水里放半堵墙，水波就可以绕开这堵墙继续向前传播，这叫波的衍射。

也就是说，波有振动、传播、干涉和衍射四个重要特性。幸运的是，在德布罗意提出该理论后的第四年，也就是 1927 年，两个物理学家在不同场合分别验证了电子确实像波一样，碰到半堵墙会从墙的一侧绕过去，这就是电子的波动现象。电子不是普通的粒子，它没有一条直线的轨道以绕过障碍物，这就是电子的衍射。因为这个研究成果，德布罗意在 1929 年获得了诺贝尔物理学奖。

我们再来谈谈德布罗意这个人。德布罗意出身于法国的一个贵族家庭，后来继承了他哥哥的爵位成为公爵。德布罗意家族自 17 世纪以来在法国军队、政治、外交方面都有出色的表现。他的祖父是法国著名的政治家，1871 年当选为法国国民议会下院议员，同年担任法国驻英国大使，后来还担任过法国总理和外交部部长。

德布罗意

德布罗意从 18 岁开始在巴黎大学学习理论物理，但是因为打算沿袭家族传统，以后从事外交活动，因此他也学习历史，并且于 1909 年获得了历史学学士学位。他哥哥是一位实验物理学家，有一个非常好的私人实验室。因为哥哥的缘故，德布罗意得以拜法国物理学家朗之万为师。正是在做朗之万的学生时，德布罗意想到了物质波，并以物质波为研究对象写出了博士论文。

朗之万是爱因斯坦的好朋友，他将德布罗意的博士论文寄给了爱因斯坦，让其把把关。爱因斯坦是量子论的奠基人之一，他看到德布罗意的论文后，非常欣赏。当时，德布罗意的导师及他周边的人都不能确定这个离奇的想法是不是对的，但是爱因斯坦支持了这个想法。后来，德布罗意在爱因斯坦的支持下顺利拿到了学位。

不久，一些实验物理学家证实了德布罗意的想法。实验物理学家根据德布罗意的建议，用晶体来做电子的衍射实验。此后，物理学家们相继证实了原子、分子、中子等都具有波动性。

本来，我们想当然地认为，即使粒子具有波动性，也只是那些像电子、中子这些简单的粒子才具有波动性。但德布罗意推测，任何物体都具有波动性，例如复杂的分子。结果物理学家果然证实了分子具有波动性。近些年来，物理学家甚至能看到比分子大得多的物体也有波动性。

后来薛定谔等人发现了满足德布罗意的物质波的力学，这让物质波的理论更加完美。但是，无论是德布罗意，还是薛定谔，都认为物质波本身不是粒子的根本性质，而是附属于粒子的某种幽灵般的波。也就是说，对德布罗意和薛定谔来说，物质具有两个独立的实体，即物质和波动。但其实正确的理解是，对一个粒子来说，波是粒子的概率波。也就是说，粒子的位置不确定，这种不确定性就表现在概率波上面。从玻尔的立场来说，粒子具有二象性：粒子和波，但这种二象性不是根本性的解释，根本性的解释就是我们前面说的概率波。

从根本上说，任何物体都是不确定的，正因为其具有不确定性，才呈现出波动性质。

课堂总结

德布罗意将爱因斯坦对光的看法推广到所有粒子以及所有物体上：任何物体都是波，其能量与频率成正比，其波长与动量成反比，正比例系数是普朗克常数。对普通物体来说，由于普朗克常数非常小，我们看不出其波动性质。但如果物体变成像电子、光子这样的微观粒子，其波动性质就变得很明显了。

下一堂课，我们将讲解物质波应该满足的力学，这是薛定谔的主要发现。

量子世界里的物理运动：薛定谔波动力学

我们在上一堂课中讲了德布罗意的发现：任何粒子都有相关的波动性。但没有提到德布罗意的另一项重要发现：他利用电子的波动性解释了玻尔发现的电子量子化的轨道。我决定将波动与玻尔轨道的关系放在本堂课里讲。

这是因为，在德布罗意提出物质波的3年后，薛定谔提出了物质波应该满足的方程，它更好地解释了玻尔轨道。

薛定谔认为，电子并不存在轨道，只有相应的波，这个波应该满足一个波动方程。简单来说，薛定谔的波动方程其实是对麦克斯韦的电磁场方程的进一步推广。麦克斯韦发现了电磁场满足的完整的方程组，在这组方程中，麦克斯韦发现了电磁波。也就是说，电磁波满足某个波动方程。

薛定谔的发现是对麦克斯韦方程的推广，薛定谔发现的方程是任何粒子都必须满足的方程，这个方程到今天也不需要做任何修改。可以说，近 100 年前薛定谔的发现，到今天依然完美地成立。不得不说，这非常了不起。

那么，薛定谔的方程到底是什么呢？

薛定谔认为，一个粒子的波对应一种状态。在牛顿的力学世界里，一个粒子在某个时刻的状态，可以用这个粒子的位置和速度来描写，等价地说，可以用它的位置和动量来描写。这符合我们的直观经验。但在薛定谔看来，一个粒子在某个时刻的状态，是用一组复数来描写的。为什么是一组呢？这就像电磁场，电磁场分布在空间中，不同空间点上的电磁场不同。德布罗意的物质波理论告诉我们，在某个时刻，某个粒子的波也是在空间上分布的。这个波是复数，不同空间点上的复数可以不同。这就像我们描写水面上的水波一样，不同水面的点上的波的高度不同。不同于水波的高度，粒子波是一个复数，这是一个基本假设。

在某个时刻，这组复数定了，粒子的状态就被决定了。薛定谔当时的问题是，如何决定这组复数？

在牛顿力学里，粒子在某个时刻的状态取决于这个粒子的位置和速度。牛顿第二定律其实是将粒子的下一个时刻的状态与上一个时刻的状态联系起来了。薛定谔所做的，也是将粒子在下一时刻的波与上一时刻的波联系起来了。他按照这个思路写下的方程，就是波随着时间变化的方程。薛定谔说，除了这个方程，我们不需要更多的方程了。

薛定谔写下这个方程的过程本身是一个思维跳跃的过程，因为在他之前，并没有人能够写下类似的方程。接下来的关键是怎么知道这个方程是正确的？

薛定谔接下来要做的，是将这个方程应用到一个原子的电子上，以此来验证能够得到什么。当然，最简单的方法是用氢原子来验证，因为在氢原子中，只有一个电子，这样验证起来比较简单。通过非常复杂的数学计算，薛定谔发现，氢原子中的电子状态不是任意的，电子的能量是量子化的。我们回顾一下玻尔的发现，玻尔发现氢原子中的电子轨道不是任意的，电子对应的能量是量子化的，这些能量叫能级。当电子从一个能级跳到另一个能级时，就会发出光，这些光叫作巴耳末谱线。令薛定谔吃惊的是，他解出方程时，发现电子的状态不是任意的，这些允许的状态对应的能量和玻尔能级一模一样！

就这样，薛定谔得到了对他的方程来说最重要的支持，也就是说，他的方程能够很好地解释玻尔能级。

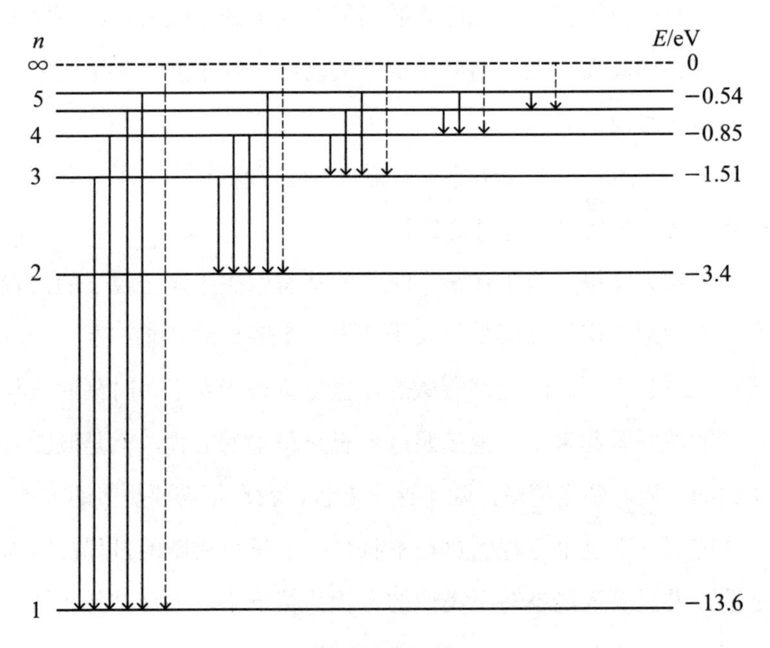

氢原子能级图

与玻尔的旧量子论不同，薛定谔认为，电子根本没有轨道，只有波，只是这个波必须满足薛定谔方程，所以能量才不能是任意大小的，必须是量子化的。当然，在薛定谔的方程中，也存在普朗克常数，否则他无法推导出玻尔能级。

在本堂课里，大家不必知道薛定谔方程具体是什么，更不必了解薛定谔是如何解他的方程的。我会给大家一个直观的解释，让大家知道波到底是如何正确地给出玻尔能级的。

我们想象一下：在氢原子中，电子的波分布在空间里，在某个区域达到最大，这个区域大致是玻尔轨道附近。当然，既然是波，在玻尔轨道上，也会像水波一样，出现周期变化。波的一个周期就是从一个波峰到另一个波峰，我们将这个空间上的周期叫作波长。显然，沿着玻尔轨道走一圈下来，会出现几个周期。换句话说，玻尔轨道的周长必须等于一个整数乘以波长。

薛定谔方程接受了德布罗意波中的关系：波长与动量成反比，反比例系数是普朗克常数。根据德布罗意关系，我们也可以将这句话表述为：玻尔轨道的周长等于整数乘以普朗克常数除以动量，或者说，轨道周长乘以动量等于整数乘以普朗克常数。这个关系正是玻尔的发现。

因为薛定谔方程决定了物质波的动力学，因此薛定谔建立的也就是波动力学。

接下来，我们谈谈有关薛定谔一生中最重要的发现的故事。首先，我们必须知道，在薛定谔做出这个重要发现之前，物理学家就已经围绕玻尔的量子论形成了一个重要学派，就是哥本哈根学派，该学派中有很多重要物理学家，如我们下一堂课中要谈到的海森堡，还有泡利、波恩等人。这些人已经将玻尔在 1913 年提出的旧量子论研究了

薛定谔

13 年，解释了很多原子和分子现象。不过，到了 1925 年和 1926 年，旧量子论开始遇到瓶颈，因为它对一些新出现的现象，无论如何修补都无法解释。不过，薛定谔本人并没有参与这些物理学研究。

也就是说，薛定谔在写下他的方程之前，基本上与量子论无关。那时他在做什么呢？他在研究统计力学，就是麦克斯韦和玻尔兹曼建立的那个学科。薛定谔在统计力学里面的逗留很重要，因为爱因斯坦在这个领域也有重要研究，并且，爱因斯坦将德布罗意的物质波用到了统计力学中，而爱因斯坦和德布罗意的研究直接影响了薛定谔。1926 年上半年，薛定谔连续写出了 4 篇论文，建立了薛定谔方程，并且解释了氢原子。

据说，薛定谔是在与情人度假期间发现薛定谔方程的。1926 年，薛定谔已经 39 岁了，比德布罗意还要大 5 岁。

薛定谔从小就特别聪明，他没有上过小学，直接就上了中学，并且在中学里也是一个学霸。他的老师要是遇到不会做的题目，就会把薛定谔叫到讲台上来救场。

薛定谔后来成了一名物理学家，除了研究物理学，建立了波动力学，他对生物学也很感兴趣。他曾经写过一本书，叫作《生命是什么》，尝试从物理学的角度来解释复杂的生命现象。这本书影响极其深远，有 6 位诺贝尔奖得主都声称，他们获得诺贝尔奖的研究成果是受到了这本书的启发。

薛定谔因建立了波动力学获得了 1933 年的诺贝尔物理学奖。

后来，玻恩给出了粒子波的正确解释：它给出了粒子在不同位置上的概率分布。这种以概率来解释薛定谔方程的做法，被称为量子力学的哥本哈根解释。

但有意思的是，薛定谔后来加入了反对哥本哈根解释的阵营，这一点很像爱因斯坦。爱因斯坦由于发现光电效应而获得了1921年的诺贝尔物理学奖，并被誉为量子论的先驱之一。但爱因斯坦非常讨厌哥本哈根解释，为此还留下了一句名言“上帝不会掷骰子”。薛定谔也是如此。他甚至还放过狠话：“如果量子力学真的只能用概率来解释，我希望我的名字将来不要出现在量子力学的历史中。”为了反对哥本哈根解释，他提出了著名的思想实验：薛定谔的猫。薛定谔的本意是用它来揭示量子力学的荒谬之处。没想到的是，薛定谔的猫不但没有驳倒哥本哈根解释，反而还为它的传播做了最好的宣传。

薛定谔继承了德布罗意的物质波的想法，得到了满足物质波的波动方程，建立了波动力学。物质波给出的是粒子位置的概率分布，也叫作波恩解释。直到如今，薛定谔方程仍然成立，波恩的概率解释同样也成立。

下一堂课我们将谈谈海森堡的贡献，他建立量子力学的出发点与薛定谔完全不同，但得到了与薛定谔一样的结果。那么，这两个力学之间到底有什么关系呢？

海森堡的量子力学

1926年，薛定谔建立了波动力学，而在此前半年，也就是1925年年中，海森堡建立了量子力学。后来，几位物理学家证明，海森堡的力学和薛定谔的力学虽然在表面上看起来非常不同，却是完全等价的。

那么，海森堡的量子力学为什么看上去和波动力学完全不同？这是因为，海森堡完全没有受到德布罗意的影响，没有去研究物质波。在他眼里，世界看上去与波完全不一样。他那时研究的是，通过光谱除了可以观测到能级粒子，还可以观测到什么？结果发现，完全观测不到玻尔轨道，所以，必须用另一套东西取代玻尔轨道。

这就是海森堡非常了不起的地方。我们现在知道，在德布罗意物质波中没有粒子轨道，可是当时的海森堡并不了解德布罗意的工作，他只是凭直觉感觉到，电子轨道压根是无法看到的。稍有粒子物理常识的人会说："不对啊，我们在云雾室里看到的不就是粒子轨道吗？"没错，那的确是粒子轨道，但大家有没有想过，我们是否可以无限精确地测量那个轨道？

海森堡对这个问题的回答是，原则上，我们不可能无限精确地测量那个轨道，特别是当电子在原子中运动的时候，更不可能去测量电子的轨道了。于是，海森堡放弃了玻尔轨道的概念。但是，我们总需要一套物理量去测量，海森堡的答案除了能测量电子的能量，还能测量电子从一个能级跳到另一个能级的概率。我们已经知道，玻尔用电子从一个能级跳到另一个能级来解释光谱线。而海森堡则说，这条光谱线的亮度，与电子从一个能级跳到另一个能级的概率有关。于是，海森堡用概率代替了轨道。

他还找到了这些概率必须满足的公式，这些公式就是量子力学的基础。海森堡建立的量子力学还有一个怪怪的名字，即矩阵力学。为什么叫这个怪名字呢？因为从一个能级到另一个能级是两个能级之间的关联，就像我们常常看到的鄙视链，会用一个表格来表示。比如，一个电视剧的制作团队鄙视另一个电视剧的制作团队，每个团队里面都有导演、制片人和后期，于是，就有了导演眼中的导演、导演眼中的制片人、导演眼中的后期，也有制片人眼中的导演、制片人眼中的制片人，等等，结果就得出一个"3×3"的表格。这个表格在数学中叫矩阵。海森堡当时就制作出这样一个表格，还写出了这些表格应该满足的方程，于是，人们理所当然地将这种新力学叫作矩阵力学了。后来，人们觉得这么叫太数学化，就改称其为量子力学。

再后来，薛定谔、狄拉克等人证明了海森堡的力学与薛定谔的波动力学完全等价，最后就将量子力学作为统一的名字了。

我们在上一堂课中谈到，波恩找到了波的正确的物理学解释，即粒子在一个地方出现的概率。海森堡结合自己的力学和物质波理论，找到了量子力学的正确理解。

海森堡的理解是什么呢？

海森堡说，虽然基本粒子存在，但是我们不能同时谈论它的位置和速度。他没有解释其原因，因为这个世界就是这样的。海森堡说："当我谈论一个电子时，要么只谈论它的位置，要么只谈论它的速度，所以，它的量子力学要么是由它的位置写成的，要么是由它的速度写成的。"当然，我们现在不会从数学角度写出海森堡的量子力学，主要指出他思考的奇特之处。也就是说，我们不能像以前谈论石头、手机、汽车那样来谈论基本粒子了。

我们再来看一看原子，原子里有原子核和电子。一个原子核是一个实体，但是我们不能同时谈论它的位置和速度。同样，当电子绕着原子核转的时候，我们也不能想象它有一个确定的轨道。换句话说，电子绕着原子核转的轨道是不确定的，这跟地球绕着太阳转时有确定的轨道不一样。这也是海森堡和之前的物理学家的不同之处。

海森堡认为，当我们谈论电子时，只能谈论它的位置可能在哪，它的速度可能有多大。电子变成了模糊的一片，这就是所谓的电子云。对于下一个时刻，电子在什么地方，电子的速度是多大，我们只有模糊的概念。如果我们能知道下一刻电子所在的位置，那么它的速度就不能确定；如果我们能知道下一刻电子的速度，那么它的位置就不能确定。

海森堡用我们完全不熟悉的语言写出了量子力学理论。他认为，所谓电子轨道的说法本来就很牵强，其实根本就不存在轨道。电子在原子里面是模糊一片的，但是当一片模糊的电子——也就是像云雾一样的东西变得很大的时候，电子轨道的概念才近似成立。电子云有点像缩小的太阳系的模型，电子围绕着原子核运动。

玻尔喜欢用粒子和波的二象性来理解量子力学。现在看来，海森堡的不确定性原理才是量子力学的精髓。也就是说，波本身不是实体，粒子才是实体，但波可以用来解释为什么粒子的位置和速度不确定。粒子的不确定性，不是因为我们对它了解不够，而是世界本来就是这样的。

如果轨道存在，那么任何一个时刻，我们既可以知道粒子的位置，也可以知道粒子的速度。而不确定性原理告诉我们，这是不可能的，粒子根本不存在轨道。我们在云雾室里看到的粒子轨道，只是近似的，因为粒子轨道的宽度远远大于原子的大小，因此，粒子的位置其实并没有那么确定。

在著名物理学家中，海森堡可以算是一个异类。为什么这么说呢？

因为很少有大牌物理学家像他一样不擅长数学。海森堡在读博士时研究的是湍流，湍流就是我们平时看到的江水、河水流动很混乱的现象。研究湍流需要解很复杂的方程，但是海森堡数学不好，解不出来，为此差点毕不了业。不过海森堡有一个很大的优点，就是他的物理直觉特别好。也就是说，他虽然搞不懂一些研究的中间过程，却善于跳过过程直接得到最终结果。因此，海森堡就靠猜猜出了一个方程的近似解，拿到了博士学位。结果，这个为了毕业乱猜出来的解答，几年后居然被一些数学家证明是正确的。

海森堡

海森堡对物理学、物理世界和物理现象有着非常深刻的洞察力，他对物理世界最深刻的洞察之一，就是物理世界中的物理现实，即只有那些我们能把握的性质，以及那些能被测量的物理量才是真实存在的。这本来是一个常识，为什么反而被海森堡强调得非常特别呢？为什么会成为他对物理学的重大贡献之一呢？

说到物理现实，我们总感觉自己已经很熟悉了。通过日常生活经验，我们能够看到一切事物及其运动规律。当然，我们的日常经验依然是牛顿机械力学里的规律，也就是万事万物的运行规律。这些规律及所有物理状态不但是确定的，而且是可以预言的，知晓了某物体这一时刻的状态，就能知道它的下一时刻的状态，这就是我们日常生活中的物理现实。

可是到了海森堡时代，物理现实完全被颠覆了。当然，这里我们谈到的物理现实指的是微观世界中的物理现实，也就是我们平时用肉眼看不到的物理现实。那么，这些微观物理现实到底是什么样子的呢？

在微观世界里有粒子，但我们无法预知它的性质。比如，粒子没有轨道。当我们谈论粒子的位置时，我们就不能谈论它的速度；反过来，当我们谈论粒子的速度时，就不能谈论它的位置。

这就是海森堡的不确定性原理。这个原理适用于所有物体，只不过在宏观世界中，物体的大小远远大于测量其位置的精度，所以轨道看上去是存在的。

海森堡在 1925 年发现了矩阵力学，这种新奇的力学后来被证明与薛定谔的波动力学完全等价。从矩阵力学及物质波出发，海森堡发现，这个世界比看上去的要离奇得多。我们日常以为可以精确测量的东西，根本不存在，例如粒子的轨道。若能够精确测量粒子的位置，则其速度就完全不确定；反过来，若能够精确测量粒子的速度，则其位置就完全不确定。

靠实验确立起来的哥本哈根诠释

到现在为止，我们已经讲了整个量子力学的建立过程，从普朗克发现量子，到玻尔将量子用于原子和分子中，最后到海森堡和薛定谔建立了量子力学的最后形式。

波恩找到了波动力学中的波的真正物理意义，就是粒子在某个地方出现的概率。

作为哥本哈根学派的领头人，玻尔最早找到了量子力学的解释，即粒子和波是真相的两个侧面，就像硬币的两面一样。玻尔说，当你关心粒子的时候，你看到的就是粒子；当你关心波的时候，你看到的就是波。接下来，我们就来看看哥本哈根学派对量子力学或者海森堡理论的解释，也就是不确定性原理。

在本堂课里，我们要展开谈谈不确定性原理的直观物理图像。

要理解这个直观物理图像，需要先说明一下，波动力学是解释不确定性原理的最好框架。同时，在这里还要说明一下波动力学的更加一般的形式。

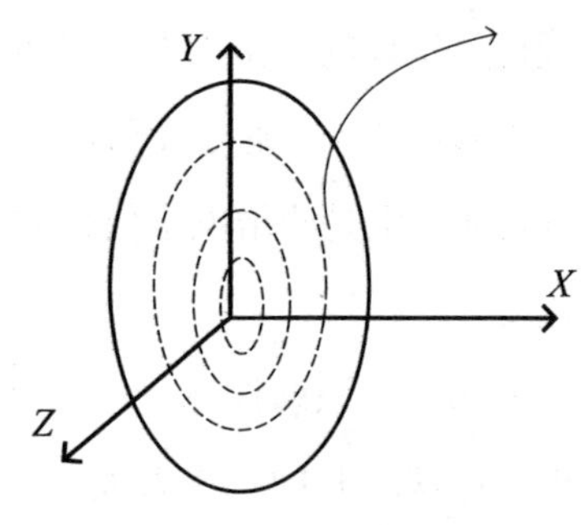

电子出现的概率大小

在谈德布罗意波及薛定谔的波动力学时，我们经常拿电子来举例，现在仍然以电子为例。在波动力学中，波是一个在空间上分布的复数。既然是复数，那么它的概率解释是怎么来的呢？波恩说，将这个复数取一个绝对值，再取一个平方，就是粒子在空间某个点上出现的概率。

量子力学发展到后来，人们还发现，在空间上分布的波也可以被理解为在速度上分布的波，当然，这两个波可以相互变来变去。根据波恩的理论，在速度上面分布的波取绝对值再平方，就得到了粒子在这个速度上的概率。

也就是说，不论在空间上，还是在速度上，粒子都是不确定的，我们只能谈论概率。这是量子力学的数学形式。那么，它的物理解释是怎样的呢？

海森堡说，量子力学告诉我们，不存在一种办法让我们可以同时测定电子的位置和速度。海森堡的结论到今天依然是成立的，物理学家想破脑袋，也无法实现同时测量电子的位置和速度的设想。爱因斯坦因为不满意波恩提出的波的概率解释，曾经设计过同时测量粒子位置和速度的实验。关于这个实验，我们以后再谈。

那么，怎样测量电子的位置？举例来说，当我们使用计算机的时候，常规的计算机显示器发光的方式是把电子打到荧光屏上，当电子被打到荧光屏上时，荧光屏上就会出现亮斑。传统的电视机的成像原理也是这样的，位于电视机后面的电子管释放出的电子打到荧光屏上，发出彩色的光。通过亮斑，我们就知道了电子的位置。所以，把电子打到荧光屏上是测量电子位置的一种方式，但是这种方式无法测量电子的速度。

那么，该怎样测量电子或者其他基本粒子的速度呢？物理学家有很多办法，其中一个普通的办法是使用量能器。量能器是一种能够测量某个粒子能量的仪器。测量出粒子的能量就能测量出它的速度，这是一个普通的物理学常识。

在高中时我们就学过，一个物体的能量和它的速度有关。最简单的关系就是牛顿力学里面说的，能量和速度的平方相关。把一个物体的速度提高一倍，它的能量就以平方的方式翻倍。比如，一个电子的速度是另外一个电子的速度的 2 倍，那么这个电子的能量就是另外一个电子能量的 4 倍。所以，使用量能器测出电子的能量，进而就可以确定电子的速度。但是，任何量能器都不可能有荧光屏那样的功能，因为荧光屏是用来测量电子的位置的，而量能器是用来测量电子的速度的。所以，量能器没有办法精确地测量电子的位置，甚至完全没有办法测量电子的位置。反过来说，荧光屏可以用来测量电子的位置，却完全没有办法测量电子的速度。

这就是海森堡所说的微观世界中的物理现实，也是量子力学不确定性原理的实验解释。

这个物理现实到底是什么？就是对基本粒子来说，当我们能够测量它们的位置的时候，就完全没有办法测量它们的速度；当我们能够测量它们的速度的时候，就完全没有办法测量它们的位置。换句话说，在同一时刻，我们只能了解微观世界的一面，而完全看不到其另一面。

我们知道，还有另外一个表达速度的方式，物理学家称它为动量。在牛顿的力学理论中，速度和动量之间存在线性关系。当我们把速度提高 2 倍，动量也会提高 2 倍。也可以说，当我们在测量速度的时候，就是在精确地测量动量。

在谈到对物理世界和物理现象的看法时，我们就不能不谈到另一件逸事，这是一件发生在海森堡和爱因斯坦之间的真实事件。

在发现量子力学之后，有一次，海森堡找爱因斯坦聊天，和他一起散步。海森堡对爱因斯坦说："我终于明白您教给我们的一个真理，那就是，在物理学中，只有可以被测量的量才能写进方程，才能进入理论。"爱因斯坦对他笑了一下，说道："现在我的想法变了，只有理论里面出现的量才是可以测量的量。"

一个硬币有两面。我们可以仔细品味海森堡和爱因斯坦的谈话，尽管他们的看法有所不同，但是他们都有自己的深刻认知。在谈论物理现实的时候，我们的理论只能谈物理现实。但是，当我们在思考物理理论的时候，同时也在思考物理现实。

玻尔是一个很虚心的人，当他的助手之一海森堡，彻底抛弃了他的原子模型时，他就放开身心去拥抱新的量子力学。同样，当波恩提出波的概率解释的时候，他也很快就接受了。不过，在波粒二象性和不确定性原理方面，他却与海森堡有过不愉快的争论。

对玻尔来说，量子力学的正确物理解释就是波粒二象性，一个粒子，当你用看待粒子的眼光看它的时候，它体现出来的模样就是粒子，而当你用看待波的眼光看待它的时候，它表现出来的就是波。用玻尔的话来说，世界有两个面，任何一面都是不完全的，所以，他将他的波粒二象性叫作互补原理，也就是互相补充的意思。

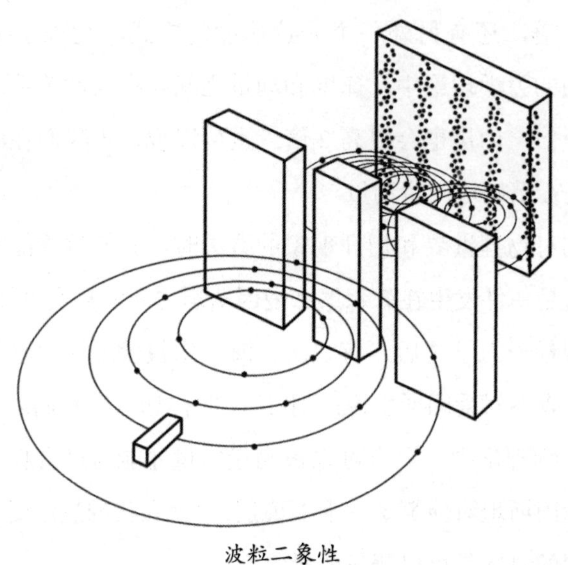

波粒二象性

海森堡却提出了不确定性原理。我们前文以电子的测量为例谈了不确定性原理的实验解释，也就是说，当你测量电子的位置的时候，你无法测量它的速度，反之亦然。如今来看，海森堡的理论无疑更加正确。不过在当年，玻尔和海森堡产生了激烈的争论，以至于玻尔在自己的家中一直试图说服海森堡，但花了几天时间也没有成功。这场冲突导致师徒两人在余生有了难以化解的隔阂。

所谓量子力学的哥本哈根解释，很大程度上就是海森堡的解释：对一个粒子的观感，与我们日常生活经验中对石头、汽车的观感完全不同，它完全是神出鬼没的。当然，宏观物体，例如石头，其实也满足量子力学，只不过由于宏观物体太大，我们误以为可以同时测量它的位置和速度。

最后，我们要谈一下对量子力学做出很大贡献的狄拉克。

1925 年 9 月，因为一个偶然的机会，狄拉克在科学刊物上看到了海森堡发表的关于量子力学的基本论文，看到了海森堡关于位置和速度的不确定性关系。狄拉克注意到，尽管这是一个很抽象的关系，但是里面出现了普朗克常数。这是一个在牛顿力学里没有的常数，这个常数非常小，完全可以忽略不计，甚至可以认为它就是零。但是到了微观世界里，它就不是零了，并且变得非常重要。它确定了原子的能级，也确定了光谱的强度。看到这个抽象关系时，狄拉克想到，尽管这里面出现了一个普朗克常数，但是这个关系看起来很像牛顿力学里的某种关系。为了验证两者之间的关系，他半夜跑到了图书馆，可是图书馆已经关闭了，他只好等到第二天早上，等图书馆一开门，他第一个冲了进去，找到经典的牛顿力学的教科书，并且从书里找到了牛顿力学的公式。不出所料，他发现确实如此：海森堡的公式和牛顿力学中的公式很像，只差了一个普朗克常数。由此可见，狄拉克的数学能力特别强。

在量子力学的世界里，每一次实验，我们只能看到粒子的一面，不能同时看到它的两面。这个原理，是基本原理，不论我们的实验做得多么完美，就是不能同时看到粒子的两面。

下堂课我们将谈谈物理学中的“四大神兽”之一：薛定谔的猫，以及这只猫对物理学的冲击。

又死又活：薛定谔的猫

虽然薛定谔是波动力学的创始人，但他对波恩的概率解释很不满意，更加不满意哥本哈根学派对量子力学的诠释。他和爱因斯坦一样，骨子里是一个顽固的古典派，觉得世界是确定的，如果表面上不确定，那一定是因为我们对世界的了解还不够。

到现在为止，我们已经充分了解到，量子力学的哥本哈根学派认为，量子力学就是世界的全部。而量子力学认为，世界是不确定的。比如，一个粒子在某个时刻的位置完全是不确定的。或者可以说，在我们测量这个粒子的位置之前，这个粒子可以在这里，也可以在那里，在这里和在那里只有一个概率分布。

为了从根本上驳倒不确定性的解释，薛定谔设计了一个思想实验，在这个实验里，一只可怜的猫竟会处于既是死又是生的状态。薛定谔说，一只猫不可能处于这种状态，所以量子力学不是世界的最终解释。

那么，薛定谔是如何设计这个思想实验的？物理学家们是如何理解这个思想实验的？

其实，1935 年，在薛定谔想到他的思想实验之前，爱因斯坦和他的朋友们就设想了 EPR 思想实验，也就是爱因斯坦—波多尔斯基—罗森悖论，这是下堂课要讲的内容。薛定谔在杂志上看到了这个实验，于是设计了一个更加有名的实验。也就是说，薛定谔在反对哥本哈根学派很长时间后才想到要做这个实验。

薛定谔是这样想的：把一只猫关在一个不透明的匣子里，这个匣子足够大，里面有空气，可以让猫好好地生活在里面。匣子里还安装了一个设置，在这个设置里面放一个随时会衰变的原子核，比如铀之类的不稳定的原子核。原子核的不稳定性是在 19 世纪下半叶被物理学家发现的，其实这个发现也是构成量子力学的基础之一。俄国著名物理学家伽莫夫曾说："原子核衰变的过程可以用严格的量子力学来描述。" 这句话的意思是，原子核的衰变和不衰变也是由波函数来描述的，具有概率性。比如，到了下一个时刻，一个原子核衰变的可能性是 50%，不衰变的可能性也是 50%；再到下一个时刻，它的衰变可能性或许增大了，衰变的可能性是 75%，不衰变的可能性只有 25% 了。总之，它始终处于衰变和不衰变的叠加态中。

匣子里除了有这个随时会衰变的原子核，还有一个盖革—米勒计数器，它是物理学家盖革和米勒共同发明的，可以捕捉到原子核衰变的产物，一旦接触到该产物，它就"嘎哒"地响一下，同时引发它所连接的毒气瓶爆炸，或者也可以用手枪替代毒气瓶，引发手枪射击，无论用什么方式，都足以杀死这只猫。

总而言之，原子核衰变和不衰变的概率波函数导致了毒气瓶爆炸和不爆炸的概率波函数，同时导致了这只猫死活的波函数。也就是说，这只猫有可能死，这是一个量子态；也有可能活，这又是一个量子态。因此，这只猫每时每刻都处于活和死的叠加态里。

那么问题来了，这只猫到底是死了还是活着？

把匣子打开，如果发现这只猫是活的，那么猫就处于活的状态；如果发现猫已经死了，那么猫就处于死的状态。但是永远都不可能在打开匣子之后发现，这只猫既不是死的，又不是活的，或者既是死的又是活的这种叠加态。所以，薛定谔认为，他精心设计的思想实验，有力地反驳了哥本哈根学派的观点。

直到今天，“薛定谔的猫”已经被讨论了将近 100 年。当然，没有人真的做过这个实验。如果真的去做，确实就会如薛定谔所说，打开匣子后，会发现猫要么就是死的，要么就是活的，不会有人看到猫处于生与死的叠加态中。

后来，研究原子核的著名物理学家维格纳甚至设计出一个以人为道具的实验，叫作“维格纳的朋友”。就是让一个大活人代替这只猫，而这个人无须另一个人来观测他，因为在箱子里的人是有意识的。当他在匣子里时，他可以自己观测自己，可以感觉到自己是死的还是活的。当然，他必定无法感觉到自己既是死的又是活的，或者既不是死的又不是活的。“维格纳的朋友”是否也反驳了哥本哈根学派的不确定性波函数的解释呢？当然，没有人敢去尝试这种实验，因为要冒着被毒气毒死的危险。

可是，尽管我们不敢拿猫或人来做实验，但物理学家确实实现了

“薛定谔的猫”这个实验。当然，用的不是真的猫，而是体积较大的一小块物质，它确实可以同时处于两种不同的状态中。

刚才我们说到了盖革—米勒计数器，现在我们来谈一谈这个计数器。“薛定谔的猫”的实验要依赖于这样一个基础：把一个微观的不确定性的波函数放大成一个宏观的不确定性的波函数。而盖革—米勒计数器就可以实现这个前提条件。在盖革—米勒计数器中充入有机气体或卤素蒸汽后，它就能够吸收光子了。当带电粒子射入计数器中的气体时，离子就开始增加，发出紫外线。根据光电效应，光激发出更多的电子，电子又引起更多的离子出现，于是管中形成放电现象，这样就能够计数。盖革—米勒计数器的灵敏度很高，现在我们都可以在商店里买到，用来测试我们周边的放射线。比如，有人说福岛核泄漏造成的放射性污染很严重，那么，去日本旅游前就可以买一个盖革—米勒计数器随身带携带进行测量。

盖革—米勒计数器确实可以把微观的波函数放大成宏观的波函数，但是“维格纳的朋友”实验告诉我们，一个人的意识，要么就是生，要么就是死，没有生和死的叠加态。那么，我们就会产生这样的疑问：“薛定谔的猫”和“维格纳的朋友”到底有没有彻底反驳哥本哈根学派的解释？

经过多年的发展，如今我们也可以做出很多种实验，把一些巨大的物体放大到一个量子叠加态里，比如，大约 1.6 亿个光子就可以处于两个不同的叠加态中，一个沙砾般大小的鼓可以处于震动和不震动的叠加态中，在超导体里可以实现一个同时向左流又向右流的电流的叠加态。斯坦福直线加速器实验室还借助“薛定谔的猫”的原理制造出了原子运动的“X 射线电影”，它能够更加清晰地呈现原子运动的细节。这些都是真实实验中的“薛定谔的猫”。

这些“薛定谔的猫”没有一个是有生命的。所以，问题依然存在，真正有生命的薛定谔的猫是否可以处于生和死的叠加态中？

答案是不会。因为，一只猫尽管有可能被毒气杀死，但是，我们要保证它的周围有空气。物理学家发现，只要猫和环境有接触，就不可能同时处于生和死的状态。

前面说的沙砾般大小的鼓可以处于震动和不震动的叠加态中，但需要将这只鼓和环境隔离开来。否则，鼓受到环境的影响，它也不可能同时处于震动和不震动的状态中。

其实，在薛定谔设计“薛定谔的猫”之前，他和玻尔也有过一场非常不愉快的争论。在薛定谔发现波动力学的 2 年后，有一次，他去哥本哈根见玻尔。因为薛定谔不同意哥本哈根的解释，所以他和玻尔争论了起来。这场争论一直持续了好几天，两人僵持不下、互不退让，都不愿意放弃自己的立场，但也没有办法说服对方。

玻尔的家十分豪华，是嘉士伯啤酒公司赠送的。当时，嘉士伯公司为了嘉奖玻尔对物理学的巨大贡献，把一栋巨大的别墅赠送给了玻尔。薛定谔和玻尔在玻尔的别墅里争吵了几天后，玻尔还是神采奕奕的，可是薛定谔已经站不住了，只好在床上躺着。玻尔的妻子十分善良，负责主持家庭的起居生活，她给薛定谔准备了茶和咖啡等各种饮食，一直服侍着躺在床上的薛定谔。而床上的薛定谔还继续跟玻尔争论着。他们不但在那一次没有说服对方，以后也没有说服对方。后来，薛定谔提出了著名的思想实验，即“薛定谔的猫”。

“薛定谔的猫”是一个放大量子力学不确定性的思想实验，尽管这个实验不可能在猫身上实现，但在其他宏观物体上实现了。薛定谔原本为了驳倒哥本哈根学派提出的实验，到头来，经过科学家的长期努力后发现，它反而支持了哥本哈根学派，论证了世界是不确定的。

下堂课我们将谈谈启发薛定谔的 EPR 思想实验，这个实验更有技术性，它涉及一个现在很流行的词，即量子纠缠。

一场思想实验：EPR 悖论

我们在上一堂课里谈到“薛定谔的猫”的实验，其实是在爱因斯坦等人的一个想法下启发出来的，这个想法叫作 EPR 思想实验，又叫 EPR 悖论。

E 代表爱因斯坦。爱因斯坦一生都不相信量子力学是完整的，他总觉得不确定性原理肯定不是我们对世界的最终认识。于是，他设计了很多思想实验来反驳量子力学，EPR 思想实验是其中影响最大的。

P 代表另一位物理学家波多尔斯基，R 代表当时爱因斯坦的助手罗森，所以，有时我会将这个思想实验称为“爱菠萝思想实验”。当然，这个实验后来被物理学家们实现了，不过结果并没有像爱因斯坦等人期待的那样，可以同时确定一个粒子的位置和速度。

如果不能同时确定一个粒子的位置和速度，那么我们就可以做如下比喻：我们不能同时确定一个男人的年纪，以及他是否成了一个父亲。

如果我们不能同时确定一个男人的年纪和他是否是一个父亲这两个性质，那么我们就假设这个男人和一个女人结婚了，而且比女人年龄大了两岁。这个时候，虽然不能确定这个男人的年纪和他是否成了父亲，但是我们可以先来观察他的妻子。如果他的妻子生了一个孩子，我们立刻就可以确定，这个男人已经成了一个父亲。这个时候我们再来看这个男人本身，从而确定他的年纪。如此一来，我们不就能够把他的年纪和他是否是一个父亲这两个性质同时确定了吗？这就是爱因斯坦的思想实验的核心想法。

这个思想实验背后的本质是什么呢？就是我们不要同时去看一个物体的两个性质。而要通过另外一个物体确定这个物体的其中一个性质，再直接观察这个物体的另一个性质。于是爱因斯坦认为，像电子这样的基本粒子实际上是可以同时被确定位置和速度的。这就使得爱因斯坦和玻尔之间爆发了一场旷日持久的学术论战。把时间拉到这次论战的 30 年以后，也就是 1964 年。这一年，有一个名叫贝尔的著名英国物理学家，设计了一个新的 EPR 思想实验。贝尔表示，如果在这个实验里面我们得到了预想中的某个结果，就说明爱因斯坦是对的；如果得出了预想中的另外一个结果，那就说明爱因斯坦错了。实验的结果是怎样的呢？

经过几十年的努力和实验，科学家们终于证实，爱因斯坦是错的。也就是说，我们不能通过测量另外一个物体来决定当前物体的性质。换句话说，我们确实不能同时确定一个粒子的位置和速度。这完全颠覆了我们的认知。

为了理解EPR思想实验，我们得先理解贝尔思想实验。

要理解贝尔思想实验，我们得先了解粒子的自旋。

在自然界中，一个基本粒子，除了有自己的位置和速度，有时还会自旋，这里的旋是旋转的旋，就是不停地转动、旋转。同时，任何物体在转动时，都带有一个角动量。我们知道，基本粒子是没有大小的，也就是没有尺寸的，但是，基本粒子可以有角动量。这非常不可思议，因为我们直觉地认为，只有当一个物体有尺寸的时候，才会转动，才会有角动量。但是，无论是光子还是电子，都会自旋。

既然电子能自旋，我们就会问，能确定一个电子在某一时刻转动的方向吗？在物理学中，角动量的方向往往垂直于转动的方向。比如，如果我从左向右转，我的角动量方向就是向上的方向；如果我从右向左转，我的角动量方向就是向下的方向；如果一个物体从上向下转动，它的角动量方向就在水平的方向上。

如果我们还不清楚角动量的定义，可以拿陀螺做例子。一个陀螺直立在桌上并转动的时候，它的转动不是从左向右，就是从右向左（假如我们顺着桌子表面看陀螺），这时，它的角动量就和陀螺直立的方向一样，垂直于桌子。但是，有时陀螺并不是直立在桌子上，而是斜立的，此时，它的角动量也是斜的。

再看一个基本粒子，不论是光子还是电子，它们都像一个极其微小的陀螺，也就是说，它们在不停地“转动”。它们的角动量就是自旋。

此时，我们问一个“天真无邪”的问题：我们可以在任何时刻确定一个电子的自旋方向吗？

根据日常生活经验，我们会想当然地回答：可以的，就像我们能够确定一个陀螺的角动量方向一样。

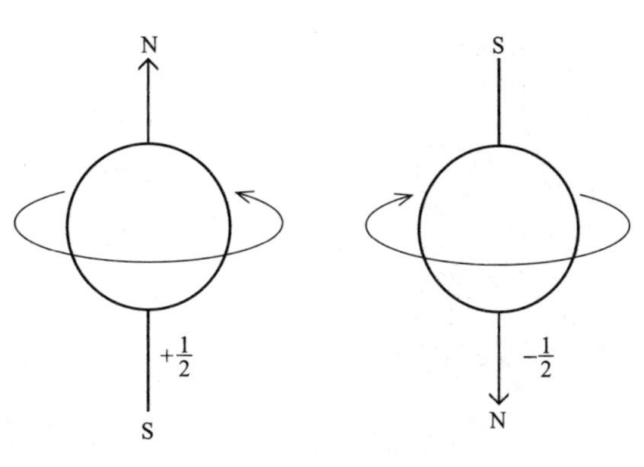

电子的自旋与角动量

在物理学中，我们可以这样说：一个陀螺旋转的时候，它的角动量在垂直的方向上有一个投影，在水平的方向上也有一个投影，当我们同时确定这两个投影的时候，我们就确定了它的转动方向。如果它在水平方向上完全没有投影，那么它的角动量方向就是垂直的。

如果我们将这个简单的测量方法用在一个粒子上，比如，测量一个电子的自旋在垂直方向的投影是多大，它的自旋在水平方向的投影是多大，那么不确定性原理来了：根据量子力学，我们不能同时确定一个电子的自旋在垂直方向和水平方向上的投影。

贝尔思想实验就是 EPR 实验的一个翻版，它试图通过一个思想实验同时确定一个粒子自旋在垂直方向上和水平方向上的投影。

贝尔思想实验的实验过程如下：通过仪器制造两个电子，它们的总角动量等于 0。也就是说，一个电子的自旋方向和另一个电子的自旋方向平行，但完全相反。

我们分别把这两个电子称为 A 和 B，它们的总自旋为 0。在制备出这对电子之后，将它们分开，比如，一个放在北京，一个放在南京。为了不影响这对电子的总自旋，假设这个电子对在制备出来之后，从制备仪器飞出，A 飞向北京，B 飞向南京。

贝尔

为了理解贝尔思想实验，我们还需要知道一个事实：与陀螺不同，一个电子自旋在某个方向的投影只有两个可能，或者平行于这个方向，或者反平行于这个方向。这也很反直觉，因为日常生活经验中的陀螺在一个方向上的投影大小有无数个数值。

前文说过，单个电子自旋的测不准是这样的：如果我在垂直方向测准了它的自旋，那么在水平方向的测量就完全不准。

“爱菠萝思想实验”的贝尔翻版说，等一会儿，让我们制备出一对总自旋为 0 的电子，看看我们能做什么。

现在，假如在北京的物理学家测得 A 电子沿着垂直方向的自旋向上，由于两个电子的总自旋为 0，那么，在南京的物理学家就可以肯定，他手中的 B 电子沿着垂直方向的自旋向下。接着南京的物理学家只要测得 B 电子在水平方向上的自旋结果即可。就这样，南京物理学家同时知道了 B 电子在垂直方向和水平方向上的自旋。

也就是说，南京物理学家的所得推翻了不确定性原理。

这不是和量子力学矛盾吗？其实，这就是“爱菠萝思想悖论”。

当然，这里完全没有矛盾，因为，南京物理学家并没有同时测量 B 电子在两个不同方向上的自旋。为了说明量子力学在原则上是对的，贝尔还设计出一个非常了不起的实验，用以证明量子力学没有错。这个实验有点超出我们物理通识课的范围，我们只提一下实验的名称，叫作贝尔不等式。

贝尔说，如果这个不等式被破坏了，那么，量子力学就是成立的。物理学家在过去的几十年做了很多实验，都说明贝尔不等式被破坏了。也就是说，量子力学是正确的，“爱菠萝思想悖论”其实不是悖论，我们只是想当然地通过两个不同的物理学家，去测量一个粒子的两个性质。

按惯例，现在谈谈贝尔。贝尔是一位出生于北爱尔兰的物理学家，他学的是实验物理学，其主要工作集中在加速器和粒子物理实验方面。他在欧洲核子中心研究粒子物理实验时，对量子力学的基本原理产生了兴趣，于是，就有了著名的贝尔思想实验和贝尔不等式。

非常遗憾的是，贝尔在 62 岁就因脑出血去世了。如果他还活着，他一定能够获得诺贝尔奖，因为他的思想实验太深刻了，直到现在还影响着量子力学的研究，特别是量子通信方面的研究。

课堂总结

爱因斯坦一生不相信量子力学是完备理论，他的“爱菠萝思想悖论”其实并不是真正的悖论。贝尔用不同的方式设计了类似的实验，结果表明，量子力学是正确的。

下一堂课我们将谈谈这个世界中另一个违背生活常识的原理，即泡利不相容原理。

泡利不相容原理

1925 年，比海森堡发现量子力学稍早一点，奥地利物理学家泡利发现了一个重要原理，即泡利不相容原理。这个原理非常重要，没有它，我们就很难解释原子结构，当然也很难解释分子结构。那么，泡利不相容原理说的是什么呢？

这个原理说，两个电子不可能处于同一个量子态中。推而广之，任何一个电子只能处于不同的状态中。怎么理解这个说法呢？在泡利发现这个原理时，海森堡的量子力学还没有建立，与海森堡量子力学等价的薛定谔波动力学更没有建立，所以，泡利那时用的是玻尔的轨道概念。

在玻尔的轨道概念中，我们可以这样理解泡利的原理：假设一个原子里有两个电子，那么，一个轨道上最多容纳两个电子。可是，在旧量子论中，一个轨道就是电子的一个状态，那么，泡利为什么会说一个轨道电子的状态可以容纳两个电子呢？

这是因为上堂课中提到的电子自旋。一个轨道上，电子可以有两种状态：自旋向上或者自旋向下。也就是说，如果两个电子同时在这个轨道上，那么，一个电子的自旋是向上的，另一个电子的自旋是向下的。这样，这两个电子其实处于不同的状态。

有趣的是，泡利写他的论文时，物理学家们还没有发现电子的自旋。就在泡利发表他的原理的同一年，另外两个物理学家在泡利论文的启发下，发现了电子的自旋。

故事听起来有点绕，但这就是历史的真相。现在的量子力学早已抛弃了轨道的概念。代替轨道的是量子态，用薛定谔发现的概念来说，一个量子态就是一个波。泡利不相容原理可以这样说：在一个波态中，可以允许有两个电子，其中一个电子自旋向上，一个电子自旋向下。

如果我们将电子态比喻成云彩，泡利发现的这个原理可以这么说：两个电子不可能处于同一朵云彩中，当然，这朵云彩还含有电子的自旋状态。泡利不相容原理十分重要，它解释了原子的刚性：由于电子的“云彩”具有排他性，因此电子的“云彩”和现实生活中的云彩不同，不可能融合在一起。后来，有物理学家用泡利不相容原理解释为什么物质不会一直不断地缩小。

泡利发现他的不相容原理，当然与他的才智有关，但是也离不开他的一个爱好——跳舞。这里面有一个有名的故事，他为了参加一个很大的舞会而拒绝出席第二届索尔维会议。索尔维会议是历史上最有名的物理学会议，每次都会邀请几十个世界上最著名、最杰出的物理学家。能参加这个会议，对物理学家而言是一件很光荣的事情。但泡利放着这个最著名的物理学会议不参加，反而去参加了一个舞会。

我根据泡利的跳舞爱好编了一个八卦：有一次，泡利在舞会上发现了一个现象，通常男生和女生都是一对一对跳舞，如果一个女生跟一个男生跳舞，她会很讨厌另外一个女生也加入进来和这个男生跳舞。

知道了这个八卦，再来看最简单的氢原子，将原子核看成男生，将电子看成女生，泡利想到，电子就像跳舞的女生，排斥别的电子跟自己处于同一个状态。

当然，泡利不是这样发现不相容原理的。真实情况是这样的：当时的物理学家发现，当原子中的电子从一个能量状态跃迁到另一个能量状态时，它损失的能量会被光子带出来，而这些光子带出来的能量以一个固定的频率展示出来。也就是说，在原子的光谱中有一条一条的线，每一条线对应的都是电子从一个能量状态跳到另一个能量状态，而且都有固定频率。可是，当物理学家把一根谱线放大以便观察得更仔细时，他们发现里面其实含有两根更细的谱线。也就是说，一根看似比较宽的谱线实际上是由两根更细的谱线组成的。

这两根更细的谱线应该如何理解呢？很多理论物理学家都没有办法对其解释。但是泡利认为可以把它简单地解释为：当电子从一个能量状态跳到另一个能量状态时，它之前所处的那个能量状态其实包含两个不同的状态。这两个不同的状态之间有细微的能量差，从而导致两根更细的谱线出现。

1925年，有一个叫拉尔夫·克罗尼格的物理学家发表了一个观点：泡利指出的这两个细微差别的能量状态其实代表着电子不同的自旋方向。也就是说，当一个电子处于一个能量状态时，同时还在转动，转动的方向可以是向上的，也可以是向下的。当其向上的时候，就处于泡利所说的能量状态之一；当其向下的时候，就处于泡利所说的能量状态之二。这样一来，就自然而然地解释了泡利所说的两个能量状态。但是泡利非常不喜欢这个解释。他立刻把电子的转动和相对论结合起来，结果发现，如果电子在转动，它转动的表面速度就超过了光速，这和相对论是矛盾的。因此，泡利反驳了拉尔夫 · 克罗尼格的理论，说它破坏了光速最大的原则。于是，拉尔夫 · 克罗尼格不得不放弃了他的想法。

可是，在同一年的夏天，有两位荷兰的物理学家，一位叫乔治·乌伦贝克，一位叫萨缪尔 · 高斯密特，他们也想到了电子的自旋。这两人是同一个导师的学生，他们的导师也是一个著名的物理学家，叫埃伦费斯特，是爱因斯坦的好朋友。他非常支持这两个年轻研究生的想法。于是，这两位研究生写了一篇短文发表了自己的想法。当时，它被刊登在一本著名杂志上的一个不起眼的角落里。但在今天看来，这是一篇非常经典的文章。

在这篇文章里，两人指出电子有自旋。尽管他们没有意识到，自旋有可能与相对论矛盾。但是，与相对论矛盾的前提是，假定电子像陀螺一样有一个具体的大小，这样它的表面才会有一个速度。可是如果电子没有大小，它就没有表面，也就不会与相对论产生矛盾了。所以，如果把电子看成一个点状的粒子，没有大小，就不会与相对论矛盾，那么泡利的反驳也就不成立。

虽然泡利以批评别的物理学家而闻名，但他从善如流。1927 年，泡利将电子自旋纳入了薛定谔的波动力学框架，提出了著名的泡利方程。泡利方程被运用到了原子的光谱学中。

泡利

在量子力学建立的过程中，除了海森堡和薛定谔，还有几个重要人物，比如泡利，他们的贡献也是很大的。泡利是海森堡的师兄，比海森堡大一岁，他俩的博士导师都是索末菲。

泡利是个天才，他在中学的时候就完全“消化”了爱因斯坦的相对论，包括狭义相对论和广义相对论。他不愿意上大学，就想跟着慕尼黑大学的索末菲直接做物理学研究。他花了 3 年时间，拿到了博士学位，那时他才 21 岁。他的学位论文是关于两个氢原子如何结合成氢分子的，这个问题在当时是个难题，连玻尔都无法解决它。

博士毕业两个月后，泡利写了一本书。在书中，他用自己的方式向大家介绍了狭义相对论和广义相对论。虽然是用自己的方式，但他讲得非常严谨，严谨到可以把这本书当成一本教科书。他把这本“教科书”拿给爱因斯坦看，爱因斯坦非常吃惊，觉得泡利讲述相对论的方式更好、更全面。泡利是一个全面的人，而爱因斯坦是一个深刻的人，这两个人描述物理学的方式是不一样的。也因为这本“教科书”，泡利很快就成了一个著名的物理学家。

关于泡利的故事有很多。他是一位严厉的理论物理学家，据说对任何人他都敢批评，除了爱因斯坦。有句著名的话出自泡利，英文版本是 not even wrong，翻译成中文就是“连错都算不上”。据说，这是泡利批评别人最狠的一句话。比这句话轻一点的就是：非常错误；更轻的一句是：错误。

2019 年初，英国著名数学家阿蒂亚爵士声称自己证明了黎曼猜想。在阿蒂亚公布了他的证明之后，有人对他的证明评价就是：连错都算不上。

电子不能处于同一个状态中，也就是说，电子互相排斥，这个原理叫作泡利不相容原理。这个原理很重要，它解释了原子发出的谱线，也就是解释了原子的结构。正因为这个原理，物质才是稳定的，不会越变越小。

一种独特的现象：量子纠缠

终于，我们要讲“量子纠缠”了。这个词非常火，火到什么程度呢？有一段时间，一篇微信公号文章刷爆了朋友圈，作者叫小二姐。在那篇文章里，小二姐将她和一个男人的关系比喻成量子纠缠。小二姐还是有点物理学直觉的，爱情的确是某种纠缠。

还记得我们在第 19 课中谈到的简称为“爱菠萝思想实验”的 EPR 思想实验吗？爱因斯坦、波多尔斯基及罗森提出了一个既可以测量一个粒子位置，又可以测量它的速度的方法，利用的就是量子纠缠。可以说，这是物理学家第一次直观地说出量子力学的一个重要特征，尽管在此之前，大家都知道有这么一回事。

简单地说，两个粒子的状态如果在制备时是关联的，那么它们就永远是关联的。

贝尔将“爱菠萝思想实验”用更加简洁的形式说了出来。我来重复第 19 课中的一段话：

“我们可以通过仪器制造两个电子，它们的总角动量等于 0。也就是说，一个电子的自旋方向和另一个电子的自旋方向平行，但完全相反。

我们分别把这两个电子称为 A 和 B，它们的总自旋为 0。在制备出这对电子之后，将它们分开，比如，一个放在北京，一个放在南京。为了不影响这对电子的总自旋，假设这个电子对在制备出来之后，从制备仪器飞出，A 飞向北京，B 飞向南京。”

就这样，两个电子的自旋就纠缠起来了。如果测得 A 电子的自旋向上，那么，不用去南京测量 B 电子，就可以得知南京 B 电子的自旋一定向下。而整件事的诡异之处在于，在北京测量 A 电子之前并不知道北京电子的自旋是向上还是向下的，这是不确定性原理告诉我们的。如果测量 A 电子的结果是向下，那么，南京的 B 电子的自旋就向上。

爱因斯坦将这个诡异的纠缠称为幽灵般的超距作用。

为什么说这是幽灵般的超距作用呢？

让我们用一个更加直观的道具来理解这件事。我们平时穿的鞋都是确定的，一双鞋子，一只是左脚的，另一只肯定是右脚的。可能有人会说，这不就是量子纠缠吗？

其实不然。一双鞋当然不是量子纠缠。我们可以将一双鞋称为经典纠缠，为什么这么说呢？理由是只要这双鞋在工厂里配对的时候是一只右脚的、一只左脚的，那么它们就是一对的。不过，现在做贝尔所做的那个实验：将一只鞋放进一个盒子里，送到北京；将另一只鞋放进另一个盒子里，送到南京。这样，如果北京朋友打开盒子，发现鞋是右脚的，那么他不用去南京，也知道那只鞋是左脚的。可是，这为什么不是量子纠缠呢？因为在北京的那只鞋，不可能是左脚的，它不会变。

如果是一双量子鞋会发生什么情况呢？我们拿一只量子鞋，无法知道它是左脚的还是右脚的：有可能 50% 的概率是左脚的，50% 的概率是右脚的；也有可能 30% 的概率是左脚的，70% 的概率是右脚的。量子鞋太诡异了，它的左右两只鞋是不确定的。可是，一旦在北京的量子鞋被发现是右脚的，南京的那只量子鞋立刻就变成左脚的。反之亦然，这就是爱因斯坦说的幽灵般的超距作用。

太难以理解了是吧？没错，这就是量子力学的世界。

前面只是说了两个电子的纠缠。其实，多个电子也可以纠缠，多个光子也可以纠缠，多个原子也可以纠缠。也就是说，任何一个量子力学的群体都可以纠缠。

接下来，我们说说贝尔实验中的贝尔不等式。注意，这里有点烧脑。

还是用直观道具。什么道具呢？就是你自己。作为一个人，你有性别，也有年纪，还有身高。不论是在物理学里，还是在哲学里，所有这些特征，都是实实在在的，叫作实在性。我们一般相信，任何我们看到的物体特征都有实在性。

现在，我们看一群人，这群人中的每个人都有性别、年龄和身高。我们可以用这些特征来给这群人分类，比如，满足身高 170 以上的、年龄 30 岁以下的有一些人。同样，满足男性、身高 170 以上的也有一些人。贝尔说，分类出来的人数，满足一个不等式。

可是，当你将这种分类法用在一群电子上时，不等式就被破坏了。也就是说，量子世界反直觉，反人类。

贝尔说，如果这个不等式被破坏了，那么量子力学就是成立的。物理学家在过去几十年做了很多实验，都说明贝尔不等式被破坏了。也就是说，量子力学是成立的。

贝尔继续说，如果不等式被破坏了，那么，电子的一些特征就不具备实在性。什么意思呢？就是说，一个电子的自旋在垂直方向上的投影和其在水平方向上的投影不同时存在。

这不就是不确定性原理吗？其实，这不是不确定性原理。不确定性原理告诉我们，不能同时测量一个电子的自旋在垂直方向上的投影和其在水平方向上的投影。不能同时测量不等于它们不同时存在。现在，麻烦来了，不仅你不能同时测量，它们还不能同时存在。就是说，电子在垂直和水平方向上的旋转，不具备同时存在的实在性。

好吧，这个话题不能再聊下去了，太烧脑了。

总而言之，量子纠缠在否定电子性质的实在性上做出了扎扎实实的贡献。换句话说，电子在两个方向上的旋转不具备同时存在的实在性，但量子纠缠是存在的。

现在，我们回到小二姐的事情上。两个人的爱情是一种量子纠缠吗？比如，你和你男朋友，一个住在北京，一个住在南京。有一天，你担心在北京的男友有外遇了，其实，他可能有外遇也可能没有外遇。也就是说，你们是否处于相爱的状态中，压根没有纠缠。

当然，小二姐真正的意思是，爱情其实是在出生前就注定了的。这一点，超出了我们能够理解的范围。

接着说一说经常被误解的量子纠缠。有人说，量子纠缠是一种瞬时作用，所以可以用来做瞬时通信，也就是超光速通信。这是可能的吗？

正确的答案是：不可能。

在科幻作家刘慈欣的《三体》中，有一个主要“角色”是智子，是三体人制造出来的，它随时可以从一个微观粒子展开成包围地球的大网，或者变身成一个不大不小的球状体和地球人沟通。后来，智子还能化身成一个美丽的日本女人。

智子除了可以做低维展开，明显还是一台可以完成量子通信的机器。在三体星那边，还有对应的一个智子，那个智子和地球这边的智子构成一个量子纠缠态。因此，这边的智子看到了什么，那边的智子也看到了什么。有趣的是，刘慈欣假定，那边的智子看到了什么，同时还可以将这个信息交给三体人。于是，瞬时量子通信就完成了。

在这里，刘慈欣也犯了一个物理学错误。为什么呢？

首先，如果能够实现超光速通信，那么就能用超光速传递物体。这破坏了我们将来要讲的相对论。

我们会在第 23 课中仔细讲讲量子通信，现在只是剧透一下一个知识点：直到今天，还没有人能够设计出一种利用量子纠缠实现超光速通信的方法，更没有人在现实中做出这种实验。

现在我们知道了，在量子力学的世界里，一切都是不确定的，不仅如此，一个电子的位置和速度不具备同时存在的实在性。可以说，这个发现不仅让物理学家吃惊，连哲学家都无法相信。不过，我们知道，哲学家早已将理解世界的任务让给了科学家。当然，哲学家依然是有事干的，他们开始分析语言，分析每个句子到底是什么意思。他们也研究物理学给他们所研究的领域带来了什么改变。比如，“世界是不确定的”到底是什么意思？“电子的位置和速度不具备同时存在的实在性”到底是什么意思？

量子力学是正确的，它再反常识也是正确的，这就是我们的世界。

“爱菠萝思想实验”第一次直观地指出了量子纠缠。贝尔第一次用电子自旋的纠缠证明了量子世界的诡异性——实在性不存在了。

在下一堂课中，我们将回到上堂课谈到的泡利及相关物理学家，谈谈基本粒子是怎么分成费米子和玻色子两大类的。

孤芳自赏的费米子和爱凑热闹的玻色子

按照某种分类，世界上所有的基本粒子只有两种，即费米子和玻色子。

费米是一个人，玻色是另一个人。那么，费米子和玻色子是什么意思呢？

费米（左）和玻色（右）

还记得泡利不相容原理吗？我们在第 20 课里讲到过，两个电子不能处于同一个状态中。电子就是费米子，是的，费米子就有这样一种特征，两个同样的粒子不能处于同一个状态中。那么，玻色子又是什么呢？简单来说，两个一模一样的玻色子可以处于同一个状态中，甚至，更多的玻色子可以处于同一个状态中。

电子是费米子的典型，光子是玻色子的典型。

回顾一下泡利不相容原理。如果将电子态比喻成云彩，泡利发现的这个原理可以表述为：两个电子不可能处于同一朵“云彩”中，当然，这朵“云彩”还含有电子的自旋状态。泡利不相容原理十分重要，它解释了原子的刚性：由于电子的“云彩”具有排他性，因此电子的“云彩”与我们现实生活中的云彩不同，不可能融合在一起。

现在，大家可能会问：既然是泡利发现电子之间不相容的，为什么这些粒子不叫泡利子，却叫费米子？

泡利发现不相容原理的时候，量子力学还没有建立，人们还没有工具做出费米的发现。1926 年，费米发现，其实这个世界上的电子都是一模一样的，两个电子看上去没有任何不同，我们不能将一个电子称为张三，另一个电子称为李四，因为根本无法区别两个电子。但两个电子与双胞胎不同，尽管双胞胎看上去一样，但我们还是可以区别他们，因为他们不是同一人；可是电子就奇怪了，尽管两个电子好端端地在那里，我们却无法说出谁是谁。

费米的发现还可以表述为：尽管根据泡利不相容原理，两个电子不能处于同一个状态中，但是，它们之间根本无法区分。也就是说，每时每刻，一个电子既在这个状态中，又在另一个状态中。泡利并没有发现这个奇怪的现象。

同样在 1926 年，比费米稍晚，英国的天才物理学家狄拉克也发现了所有电子都长得一模一样。费米和狄拉克的发现，在量子力学中有一个名字，即费米—狄拉克统计。有一堆电子在那里，它们处于不同的状态中，但它们又长得一模一样。电子有这么一个奇怪的特点，与它们的自旋有关，电子的自旋角动量等于半个普朗克常数。

其实，任何粒子，只要它的自旋是普朗克常数乘以半整数，就是费米子。什么叫半整数？1/2，3/2，5/2，…都是半整数。

质子和中子是费米子，中微子和夸克也是费米子。泡利结合相对论和量子力学，证明了自旋是普朗克常数半整数倍的粒子，必须满足费米—狄拉克统计。

因为电子是费米子，所以这个世界中的物质才是稳定的，才不会变得越来越小。

光子就不同了，光子叫玻色子。所有玻色子长得一模一样，但多个玻色子可以存在于同一个状态中。满足这种特征的粒子，比如激光。

发现玻色子的是印度物理学家玻色。1924 年，玻色写了一篇关于推导普朗克量子辐射定律的论文，文中并没有提到任何古典物理。这篇论文在开始时未能发表，受此挫折，玻色直接把论文寄给了身在德国的爱因斯坦。爱因斯坦意识到这篇论文的重要性，不但亲自把它翻译成德语，还以玻色的名义将论文发表在名望颇高的《德国物理学刊》上。正因为此次赏识，玻色能够第一次离开印度，前往欧洲并在那里逗留两年，在此期间他还与德布罗意、居里夫人及爱因斯坦一起工作过。

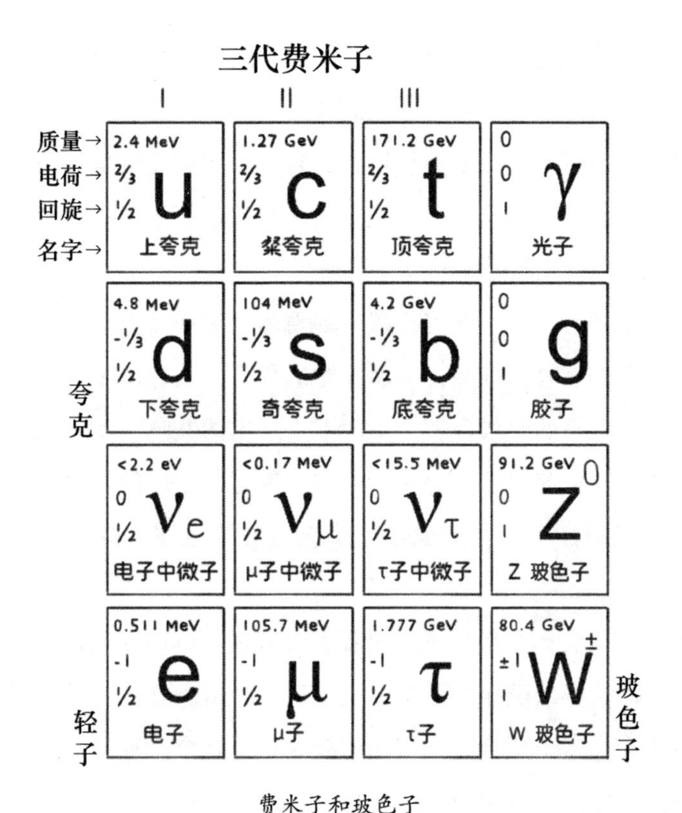

费米子和玻色子

爱因斯坦不仅推荐了玻色的论文，还将玻色的发现推广到了很多情况中，就这样，满足玻色子特征的粒子，也就满足了另一种统计，即玻色—爱因斯坦统计。

光子也有自旋，它们的自旋角动量等于一个普朗克常数。任何粒子，只要它的自旋是普朗克常数的整数倍，就是玻色子。

幸好，光子不是构成物质的粒子，否则这个世界就不稳定了，也不会有固体、液体了。但光子可以形成激光。我们接下来就谈谈激光。

激光和其他光一样，都是由光子组成的。我们知道，每个光子都有一定的能量。一般生活里常见的光，比如太阳光，就包含着许许多多的光子，而且这些光子的能量有大有小。但激光非常特别，它里面每个光子的能量都一样大。这就是激光与普通光最大的区别。换句话说，激光里面的光子处于同一个量子态中。

产生激光的过程，其实很像一场雪崩。雪崩是怎么产生的呢？我们知道，雪山上总是堆着一层层厚厚的积雪。当外部诱因使某一层的一小块雪滑下来的时候，就会引起下一层雪的共鸣，下一层的雪也跟着滑下来，又引起更下一层雪的共鸣，使更下一层的雪也滑下来。雪这样一层层地往下滑，形成连锁反应，最终就演变成了一场壮观的雪崩。

1917 年，爱因斯坦发现这个辐射过程是可以诱导的，把一个光子打入原子，它可以诱导原子中的电子从高轨道跑到低轨道，同时发出一个跟第一个光子能量完全相同的新光子。这个过程叫受激辐射。一个光子打入原子，就跑出两个一模一样的光子；这两个光子再打入两个新原子，就跑出四个完全一样的光子，这样不断进行下去，就会形成一个原子的“雪崩效应”，从而产生大量的光子。而且所有光子都携带相同的能量，这样产生出来的光就是激光。

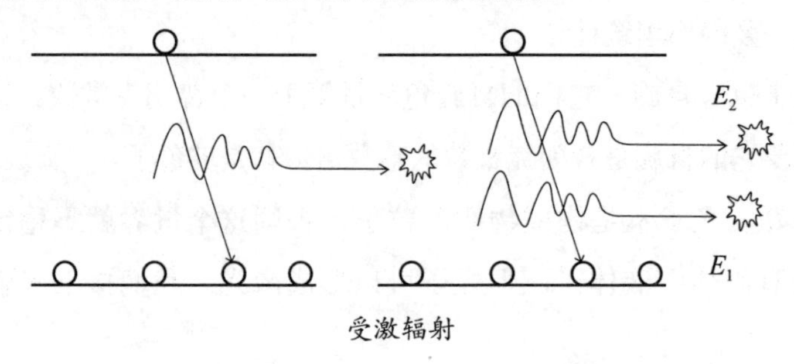

受激辐射

爱因斯坦在 1917 年就建立了激光理论，但一直等到 30 多年后，也就是 20 世纪 50 年代初，才有一个叫汤斯的人把激光发明出来。汤斯这个人很有意思，他年轻时喜欢研究理论，所以就考到加州理工学院物理系读研究生。但他视力不好，在去医院看医生时，医生说他视力不好，看数学公式会比较困难，干脆不要做理论研究了，不如去做实验。汤斯听从了医生的劝告，不做理论，改行做实验了。因为做实验，他发明了激光，最后获得了诺贝尔物理学奖。

回过头来说一说费米。费米不仅发现了费米—狄拉克统计，也是第一个建立核反应堆的人。同时，他还发现中微子的秘密，中微子的名字就是他命名的。可以说，意大利在出现伽利略这样一个伟大的物理学家之后，好多年没有再出现很伟大的物理学家了，直到费米的出现。

因为建立了第一个核反应堆，费米被誉为原子能之父。费米在理论和实验方面都有一流的建树，这在现代物理学家中是屈指可数的。100 号化学元素镄、美国伊利诺伊州著名的费米实验室、芝加哥大学的费米研究所都是为纪念他而命名的。费米人生的最后几年，主要从事高能物理的研究。费米还是杨振宁和李政道的老师。可以说，截至今天，费米是世界上最后一个全能物理学家。

课堂总结

电子是费米子，满足泡利不相容原理，质子、中子和夸克也是费米子。光子是玻色子。因为光子是玻色子，所以才会有激光。在这个世界上，所有基本粒子，不是费米子就是玻色子，不存在第三种基本粒子。

在下一堂课中，我们将谈谈量子通信，这是一种最高级的加密技术，大家听说过“墨子号”卫星吗？这个卫星就与量子通信有关。

破解需要一亿年：量子通信

关于量子力学，我们在本章用最后两堂课来讲一讲现在最流行、最热门的两个话题，一个是量子通信，另一个是量子计算。

本堂课中我们先讲量子通信，在这方面，中国做得还不错。

什么是量子通信？说得简单一点，就是传输的信号不是固定的字节。大家知道，最简单的信号是将文字翻译成一串由 0 和 1 组成的符号，这串符号是固定的。而量子通信是发出一串量子态。

量子通信和量子传输有很大关联。在很多科幻电影中，我们会看到量子传输。比如，在早于《三体》的《星际迷航》里，柯克船长和他的手下走进一个房间，突然一束光打下来，他们在这个房间里就消失不见了，而后出现在了另外一个地方。这个过程就是典型的量子传输。通过量子传输机，柯克船长和他的手下瞬间被传输到了别的地方。

再比如科幻电影《阿凡达》。在《阿凡达》里，传输的就不是一个人的身体了，而是人的灵魂。利用一个棺材似的量子传输机，男主角的灵魂被传输到了阿凡达的身体里，从而让他得以脱离自己双腿瘫痪的肉体，在潘多拉星球上自由奔跑。后来潘多拉星球的原住民也利用他们自己的办法，帮助男主角把灵魂永远地留在了阿凡达的体内。他们用的就是潘多拉星球的灵魂树。

我喜欢用比喻来解释如何传输量子态，还是用量子鞋来比喻。

在讲这个比喻之前，我们先谈一下经典拷贝或者经典克隆。在经典物理学中，东西都是可以被克隆的，比如一张报纸，无论是黑白的还是彩色的，都可以被复印出来；一副挺好看的眼镜，在工厂里也是可以被“山寨”的，这些都是经典克隆。但量子不可克隆。在微观世界里，任何一个基本粒子的位置和速度完全不确定。如果一个客体是不确定的，物理上它不能被克隆，那么技术上就不可行。

要想把光子偏振克隆到另外一个光子上是做不到的。比如，在经典物理世界中，左脚的鞋永远是左脚的，右脚的鞋永远是右脚的，而量子鞋可能是左脚的也可能是右脚的，也可能来回变化，因此它就没有办法被克隆，这也是量子克隆难以窃听的最根本的原因。

把一个粒子比喻成鞋，想把一只量子鞋送到月球上去，但量子不可克隆，怎么送？我们没有办法通过量子态传输不可克隆的东西。但用了 20 多年的隐形态传输想出了一个非常绝妙的办法：要想把一只量子鞋送到月球上去，先找一双量子鞋——一定是一只左脚的、一只右脚的，然后把其中一只量子鞋先送到月球上，一只鞋留在手里，虽然不知道哪只是左脚的、哪只是右脚的，但是量子纠缠告诉我们，它们一定是一只左脚的、一只右脚的。而对于那只本来想送上月球的量子鞋，我先不送，我把这只量子鞋与手里留下的那只量子鞋进行比较，如果手里的鞋全是右脚的，那么月球上的那只鞋就是左脚的；如果那只量子鞋是左脚的，而手里留下的那只量子鞋是右脚的，那么月球上的那只量子鞋就与我想送上去的量子鞋一样是左脚的了。说起来很简单，道理却很深奥。

上面说的是将一只量子鞋传递出去的过程，将一串量子鞋传递出去也是一样的道理。

总结一下，如果想传输的系统是量子态的，比如将量子态的我传输到另一个地方，必须在这个地方先把我破坏掉，把破坏掉的信息通过刚才说的三只鞋的故事分发到另外一个地方去，另外一个地方可以把我的态或者我的人完全恢复。这告诉我们两件事，一是量子态的我不可能被拷贝成两个李淼；二是如果想把我传输到外地去，必须把本地的李淼毁灭掉，再在另一个地方恢复。如果可以实现的话，这是非常了不起的。

那么，是谁发明了量子通信或者量子传输的原理呢？其实量子传输已经在真实世界里实现了。1993 年，有 6 个物理学家想出了一个用量子纠缠来实现量子传输的办法。这个办法我们前面已经用比喻的方式讲了。利用这个办法，1997 年，一群奥地利物理学家首次实现了量子传输。不过他们传输的东西非常简单，只有一个光子；而且传输的距离也很短，只是一个普通实验室的距离。近年来，量子传输的距离已不断增加，例如你把光子放进一个位于武汉的量子传输机里，它就可以跨越时空，一下子出现在 340 千米之外的长沙。这是地面的纪录，真正的纪录是中国的量子通信卫星创造出来的。

原则上量子通信可以实现了，那么量子传输可以实现吗？可以将一个很大的宏观物体的量子态传递出去吗？

当然，现在还远远不能。目前人类能一次传输的光子数目最多只有 12.8 万个。这距传输一个人的目标有多远呢？下面我来简单地估算一下人体内大概包含多少个原子。

我们知道，人体的主要成分是水：小孩身体里大概七成是水，而大人身体里大概六成是水。为了简单起见，我们假设人体内百分之百都是水。这样算出来的结果，在量级上肯定是正确的。水是由水分子组成的，一个水分子包括两个氢原子和一个氧原子，也就是三个原子。通过这样的估算，我们可以得知，一个 70 千克的普通人体内大概有 7000 亿亿亿个原子。这个数字是什么概念？我来简单地说明一下。我们都知道银河系，银河系非常大，就连速度最快的光，从它的一头跑到另一头都要花上 10 万年。如果我们找 7000 亿亿亿个 1 米高的人，让他们头对脚地躺成一排，他们连起来可以绕银河系 200 多万圈！

目前人类能一次传输的光子数目最多只有 12.8 万个。但一个普通人体内却有 7000 亿亿亿个原子。所以对目前的科技而言，不要说瞬间传送一个人，就算瞬间传送一个盒子都是天方夜谭。

接下来，谈谈大家都容易误会的一件事。很多人认为，无论是量子通信还是量子传输，都可以超光速，是可以瞬间实现的。这当然不可能。这里我还要重复一下量子通信原理的比喻过程：要把一只量子鞋送出去，得先准备一对量子鞋，并将其中一只送出去，而真正想要送出的那只量子鞋其实一直保留在手里。把这只量子鞋与手里留下的其中一只做比较，得到结果后将这个结果告知对方。这个告知过程需要用普通通信方式来完成，而普通通信方式不可能超光速。

前面我说过，中国在量子通信方面做得还不错，这是因为，中国拥有世界上唯一一颗用于实验的量子通信卫星。

2016 年 8 月 16 日凌晨，被命名为“墨子号”的中国首颗量子科学实验卫星开启星际之旅。它承载着率先探索星地量子通信可能性的使命，并将首次在空间尺度上验证量子理论的真实性。这颗卫星的运行轨道离地面约为 500 千米。

量子通信的实用化和产业化已经成为各个大国争相追逐的目标。在量子通信的国际赛跑中，中国属于后来者。经过多年努力，中国已经跻身于国际一流的量子信息研究行列，在城域量子通信技术方面也走在了世界前列，建设完成了合肥、济南等规模化量子通信城域网，“京沪干线”大尺度光纤量子通信骨干网也已建设完成。

“墨子号”的成功在于这个计划是一个国家行为，国家行为的优势非常有利于做像“墨子号”这样先锋式的探索和实验。中国第一颗探测暗物质的卫星“悟空号”，也得益于这种机制。华裔科学家丁肇中先生在美国主导探测暗物质的 AMS02 实验，但在如今的美国确实很难发射这样一颗卫星。一直以来，特朗普削减卫生、健康、科学和技术领域的经费，造成了美国科学如今相对困难的局面。

在美国，通常是科学家提出计划，然后层层上递到国会和总统，或许还会遭遇政见不合的拉锯战，欧洲则需要整个欧盟来集体决策，导致执行力大大下降。就我的研究领域，2015 年，通过地面试验，美国人探测到了引力波，而他们想到太空去做实验的申请已经申报了 20 年，在欧盟也是几年前才刚刚通过此计划。对比来看，中国在决策方面有一定的优越性。

课堂总结

量子通信和量子传输是可以实现的，小规模的量子通信和量子传输已经实现了，但不可能是瞬时的。我们距离真正的量子传输还很遥远。

在下一堂课中，我们将谈谈更加开脑洞的量子计算。

改变世界的量子计算机

这是量子力学部分的最后一堂课，主要内容是量子计算。

可以说，谁最先实现量子计算，谁就领导下一次工业革命。因此，各个大国、各大企业都在投资量子计算。那么，什么是量子计算呢？

先看看我们平时用的计算机的工作原理。计算机很像是一个饺子机。饺子机主要由两部分组成，一部分是货架，上面放了一些原材料，比如面粉、水、菜、肉等；另一部分是桌台，在上面可以对原材料进行加工处理，比如剁馅、和面、擀饺子皮、包饺子等。

计算机的结构也很类似。它里面有一个部分叫存储器，也就是我们常说的硬盘，其功能相当于饺子机的货架，可以用来存放各种各样的数据。还有一个部分叫处理器，也就是我们常说的 CPU，其作用相当于桌台，可以用来对存储器中的数据进行处理。

无论是存储器还是处理器，都是计算机的硬件。要想让计算机真正派上用场，还需要软件，也就是对计算机下命令的指令集。像剁馅、和面、擀饺子皮和包饺子，就是饺子机的指令集。计算机里也有很多指令集，其中最简单的指令是加法，也就是把两个数加在一起。至于减法、乘法和除法，都可以通过加法来实现。举个例子，乘法其实是加法的积累。比如，1 乘以 2，就相当于 1 加 1；1 乘以 3，就相当于 1 加 1 再加 1。至于减法和除法，其实是把加法和乘法颠倒过来计算。而有了加减乘除，就可以让计算机做更复杂的事，比如解方程、算微积分、画图片、放视频等。总之，计算机最核心的工作原理就是最简单的加法运算。不管多复杂的计算机指令集，归根结底都是在做加法。

不过，在做加法之前，还有一个很关键的问题要解决，那就是如何用计算机里面的元件来表示数字。说到这里，我们会觉得很奇怪。表示数字还不简单？用 0、1、2、3、4、5、6、7、8、9 来表示不就可以了吗？答案是不可以，计算机用不了十进制。为什么呢？因为要想表示从 0 到 9 这 10 个数字，就必须造出 10 种不同的电子元件，或者找出电子元件的 10 种不同状态。

计算机用的是二进制，其个位数字只有两个，分别是 0 和 1。到了 2，就得往前面的位数进位，所以二进制中的 2 要用 10 来表示。那 3 呢？是 11，也就是把个位数里的 0 再变成 1。而 4 呢？只用两位数就没有办法表示了，所以要再加一位数，把最前面的位数变成 1，后面的位数都变成 0，也就是 100，这就是二进制中的 4。用这种每到 2 就往前面进一位的计数法，就可以用 0 和 1 把所有的整数都表示出来。这就是所谓的二进制。

对计算机而言，用二进制可比用十进制简单得多。要表示二进制中的两个数字 0 和 1，只需要找出电子元件的两种不同状态即可。前面讲过，半导体二极管可以在电路中充当开关。换句话说，二极管有一个“关”的状态和一个“开”的状态。用“关”来代表 0，用“开”来代表 1，这样就可以在计算机中表示二进制的数字了。一长排的二极管可以表示一个很大的数字，而很多排的二极管可以表示很多的数字。换句话说，二极管可以用来存放数据，这就是刚才讲过的存储器。

计算机的工作原理是在二进制的基础上实现加减乘除，但每一次运算，都和我们打算盘一样，是一步一步做的。

接下来可以说说量子计算机了。一个量子计算机中的元器件，可以既处于开的状态，又处于关的状态。比如，它有 50% 的概率是开的，有 50% 的概率是关的；也可能有 30% 的概率是开的，有 70% 的概率是关的；还可能有 45.5% 的概率是开的，有 54.5% 的概率是关的。总之最后加起来是 100%。当然，这与我们日常生活经验完全不符。不过，在量子力学里，这就是世界的本来面目。

量子计算机中的每一个开关可以同时处于开和关叠加的状态。为什么有了这种开关，量子计算机就会变得特别厉害了呢？其实很简单，这就像我们走迷宫，如果是一个人走的话，每次遇到一个岔口，就得做出一个选择，这就像普通计算机，每一次都做一个动作。如果我们将水灌进迷宫，水在每一个岔口，同时做出所有选择，这就像量子开关，同时处于开和关的状态。

前面说了量子计算的基本原理，但实现起来困难很大，主要原因是我们无法控制微观的东西。比如量子开关，它们很难总是处于一个量子态之中，总要被环境影响，一旦被影响，就相当于被“测量”了，那么量子态一下子就被破坏了。

实现量子开关都有哪些方法呢？最简单的就是利用光子和原子，但直接用光子和原子大多数时候是无法控制的。比较容易控制的有如下几种：第一种叫离子阱，具体是什么我们就不要去管它了；第二种就是利用超导实现一个量子开关；第三种是利用原子核的量子态来做开关。不过直到今天，还没有实现实用的量子开关。

当然，有了硬件还不够，还需要所谓的算法，将一个问题化解成具体操作。1994 年，有一个叫肖的人发明了一种算法，可以用量子计算机来做整数的因式分解，有一大类问题可以用肖算法来解决。在肖算法之外，还有其他算法。

量子计算机有两种：一种是量子模拟，这种量子计算机具有单一的作用。比如，用这种量子计算机模拟一个原子或者几个原子的具体运行过程，或者模拟两个光子的具体运行过程，或者用来分解一个非常大的不可分解的整数。但是这三种目的要由三个不同的量子计算机做出来，就相当于 AlphaGo 只会下围棋不会下象棋，因为它是专门的量子计算机。

我国离制造出专门的量子计算机也就一步之遥了。非常遗憾的是，专门的量子计算机并没有多大的作用。就像手机，虽然不是专门的量子计算机，但也是一种类似的通用机。世界上任何一个量子实验室，距量子通用计算机的制造都还非常遥远，遥远到长的可能是 50 年，短的话可能也得要 20 年。

下面说一说都有谁在做量子计算机。2014 年，谷歌买下了加州大学圣巴巴拉分校的一个实验室，它成为谷歌量子人工智能实验室的一部分。其实，IBM 和微软进入量子计算领域的时间比谷歌早。IBM 十多年前就建立了超导量子计算实验室和理论组。IBM 的量子实验室曾经专注于基础研究，直到几年前才开启商业竞争模式。微软很早就在加州大学圣巴巴拉分校建立研究中心，研究一种叫“拓扑量子计算”的理论。2015 年，英特尔开始发展超导量子电路，2016 年，马里兰大学与杜克大学创办研究离子阱的实验室。2018 年初，因斯布鲁克大学在政府的支持下创办离子阱公司。

当然，中国在上海、合肥也建立了量子计算研究中心，据我所知，中山大学也将在珠海建立量子计算研究中心。

简短地介绍了量子计算，下面我想说一说量子计算和人类大脑之间的关系，当然，这种看法非常主观。人类大脑是我们目前所知的宇宙中最复杂的结构。但目前的脑科学研究表明，人类的大脑很像一台计算机，也有存储器和处理器，其中存储器是帮助我们记忆的，而处理器是帮助我们思考的。那么人脑的最基本单元，也就是它的开关是什么呢？答案是神经元。

那么，人类大脑到底是一台经典计算机，还是一台量子计算机？换言之，神经元到底像普通的二极管，还是像神奇的量子开关？这个问题的答案目前还没有定论。不过，英国著名的数学家、物理学家彭罗斯坚信，人类的大脑应该是一台量子计算机。

彭罗斯认为，人脑神经元中存在着很多微管，这是一种由蛋白质构成的很细的管子，类似于微观粒子，微管也遵循量子力学。换句话说，微管就是一种量子开关，可以同时处于开和关两种状态。彭罗斯还进一步指出，量子计算机能同时探索问题的多个答案，就像它能同时搜索迷宫里的多条道路，而这恰好可以解释人脑的一些特殊能力。但后来的研究表明，微管很难维持这种满足量子力学的状态，而会很快地退化成一种经典的物体。

美国加州大学一个叫费舍尔的物理学家发现，人脑中还有另一种物质可以实现量子开关，那就是磷原子。费舍尔指出，在浸泡脑细胞的体液中，含有一种磷酸钙的分子。由于有磷原子，这种分子同样能充当量子开关。更关键的是，不像彭罗斯的微管，这种磷酸钙分子能够长时间地维持满足量子力学的状态。如果费舍尔是对的，那么人脑中可能确实存在着量子开关。换句话说，我们的大脑的的确确是一台量子计算机。

量子计算机是一种完全不同于普通计算机的东西，如果实现，功能将十分强大，但目前还处于实验阶段。另外，人类的大脑中的某些部分也可能是量子计算机。

这就结束了我们的量子力学板块。从下堂课开始，我们将谈谈相对论，这是这门物理学通识课的最后一个板块。

第5章 相对论

时间与空间的绝对独立：伽利略变换式

从本堂课开始，我们讲相对论。

相对论是什么？它是关于时间和空间的理论，主要由爱因斯坦创立。相对论认为，时间不再独立于空间，时间和空间是一个整体。

就日常经验来说，时间与空间没有关系。我们周围的环境，就是空间，它一直在那里，没有动，但我们用运动来计算时间。比如，我们将太阳从升起到降落这个时间段作为一天。这样看起来，时间与空间确实没有任何关系。

这种日常经验被牛顿运用到了他的力学体系中。对牛顿来说，有一个绝对空间存在，也有一个绝对时间存在。当然，这个绝对空间的存在并没有被实验证明。这么说是什么意思呢？假如你待在一个静止的房间里，那么你所在的房间是一个空间；假如你正乘坐高铁，你所在的车厢也是一个空间。但是，高铁车厢的空间当然不同于房间里的空间，因为它们在做相对运动。那么，牛顿所说的绝对空间就没办法理解了。但牛顿相信它的存在。我们到讲广义相对论时再谈这个话题。

有关绝对时间和相对空间的理念，是牛顿从伽利略那里继承来的。

伽利略指出，所有的惯性系都拥有完全相同的力学规律。比如，如果运动员一直以匀速跑步，那么，无论是对静止的地面参考系来说，还是对匀速直线运动的火车参考系来说，这个运动员都在做匀速直线运动（即力学规律相同）。这就是“伽利略相对性原理”。

伽利略相对性原理到底是什么意思呢？我们举例说明，被封闭在船舱里的你试图测试船是否在水面上行驶，如果船在水面上匀速行驶，那么，你无论做什么实验都无法确定船是否在行驶，你也无法确定船的速度是多大。这是因为，你所做的实验只是想看看力学规律有没有改变，如果匀速运动的船舱的力学规律和静止的船舱的力学规律是一模一样的，那么你就无法确定船是否在行驶。除非此时你站在甲板上，看到了水在向后退，你才能确定此时的船在行驶。

平时我们坐在汽车里，除非汽车加速或减速，否则你闭起眼睛就无法感受到汽车是否在运动。这就是伽利略相对性原理。

如此简单的相对性原理，却需要伽利略这么一个大人物总结出来，这是为什么呢？

因为，在古代，人们并不认为相对性原理是正确的。比如，亚里士多德就认为，一个运动的物体需要力才能保持它的速度。显然，按照亚里士多德的看法，我们坐在行驶的汽车里，汽车和我们都受到了一个力的推动，尽管相对于汽车来说，我们是静止的。但在地面上，我们静止的时候并不需要力。所以，两个系统中的力学规律是不一样的。

惯性系是什么意思呢？伽利略认为，假如地球是一个惯性系，那么，所有相对地球匀速运动的系统，都是惯性系。在这些系统中，任何静止和匀速运动的物体都有惯性，也就是说，不需要一个力作用在它们上面。这是伽利略的惯性定律，也是牛顿力学体系中的牛顿第一定律。

但是，我们要强调的是，惯性定律也好，伽利略相对性原理也好，都不是牛顿关于时间和空间原理的全部内涵。其实，伽利略相对性原理在爱因斯坦的相对论中也成立。

那么，除了相对性原理，牛顿的力学体系中的时间和空间到底还遵从什么原理呢？

简单来说，时间是绝对的。同时，伽利略和牛顿都认为，速度是可以简单叠加的。这是什么意思呢？举个例子，相对于地面参考系，火车一直在以 100 米 / 秒的速度运动。如果一个人在这列火车上以 4 米 / 秒的速度向前行走，那么从地面上来看，这个人的速度就是 104 米 / 秒。如果这个人以 4 米 / 秒的速度向反方向行走，那么从地面上来看，这个人的速度就是 96 米 / 秒。这就是简单的速度叠加。

因为速度可以叠加，所以，如果火车上的时钟和地面上的时钟的快慢完全一样，那么就可以导出一个简单的推论：火车上一把尺子的长度与地面上一把尺子的长度也一样。当然，为了方便，我们会在地面上和火车上建立一个坐标系，那么，地面参考系和火车参考系之间的距离变化就等于 100 米 / 秒的速度乘以它们的运动时间。这就意味着，两个彼此运动的惯性系之间的位置之差等于它们的相对速度乘以它们的运动时间，而它们的运动时间则完全同步。这就是著名的“伽利略变换”。

伽利略变换的前提是，时间是绝对的，无论是地面上的时间，还是火车上的时间，变来变去都是一样的。这是伽利略变换的第一个前提要求。

按照速度叠加原则，空间也是简单变换的，无非差一个速度乘以时间。因此，我们很容易接受伽利略变换，因为这些都是可以在日常经验中感受得到的。

可能有人会反驳说，我可以测量到自己是否在匀速走路啊。比如，我手里拿一个气球，当我不动的时候，气球是垂下来的，当我走路的时候，气球拖在我的身后，这不就说明我在走路吗？

是的，你的这个理由很不错，但是你忘记了，还有空气存在。因为空气相对地面静止，所以才会有这个效果。假如你走在真空里，就不会有这个效果了。

其实，亚里士多德也被类似的东西迷惑了。的确，因为地面上有摩擦力，所以我们推动地面上的一个物体时需要力。如果没有地面摩擦力，在地面上匀速运动的物体不需要任何力来推它的。

尽管后来伽利略变换被相对论取代了，但相对性原理并不简单，它有着深刻的物理推论。在绝对时间之外，伽利略和牛顿还假设时间是均匀流逝的。就是说，如果我们对比如今的物理学规律和 100 年前的物理学规律，会发现它们是一模一样的；同样，如果我们对比如今的物理学规律和一亿年前的物理学规律，也会发现它们是一模一样的。

时间是均匀流逝的，这个简单的假设后来被物理学家用来推导能量守恒。是的，你没有听错，物理学规律在时间上的不变性与能量守恒紧密相关。

那么，除了用数学推导对称性和守恒律的关系，还有没有更直观的物理解释来解释能量守恒和时间平移不变性的关系呢？对此，我之前思考过，并得到了一个可能的解释，但并不令我满意。在量子论中，能量与一个物体的频率有关，这是德布罗意的发现，我们在第 14 课中讲过。时间平移不变性意味着频率不会改变，即能量不变。在爱因斯坦的狭义相对论中，因为有时间平移不变性，因此能量守恒依然成立。通过量子论，我们能够论证，其实质量也对应着一个频率，质量也是能量。这是量子论对爱因斯坦质能关系的推导。

一个孤立的质心静止的物理体系的能量，在外部看来，完全等价于其静态质量。著名的爱因斯坦质能关系，是能量等于质量乘以光速的平方。因此，能量守恒就可以说成是质量守恒。这个陈述与物质不灭的直观概念最为接近。

同样，伽利略相对性原理也假设空间是均匀的。意思就是，在北京做的物理学实验和在纽约做的物理学实验，其结论是一样的，物理学规律不会因空间位置变化而变化。空间的均匀性也导出一个推论，即动量是守恒的。

我们简单回顾一下能量守恒的历史。18 世纪，人们发现动能可以转化为热能。19 世纪，德国医生迈尔发现动能和热能之间的关系，与他同时代的焦耳发现势能也能转化为热能。英国物理学家格罗夫和德国物理学家亥姆霍兹发现了现代意义上的能量守恒定律，即动能、势能、热能和电磁能可以互相转化但总量不变。

如今，我们将牛顿力学体系一直外延至包含所有的物理学现象，尽管牛顿的时空观已经被相对论的时空观取代，但伽利略相对性原理继续成立。这也就意味着，时间是均匀的，空间是均匀的，因此能量守恒和动量守恒适用于一切物理学现象。

课堂总结

在伽利略和牛顿的时空观中，时间是绝对的，时间和空间没有关系，它们是相互独立的。但是，伽利略相对性原理，也就是惯性参照系中的物理学规律都是一样的，并且至今依然成立，这就推导出能量守恒和动量守恒。此外，空间不仅是均匀的，同时在所有方向上也是一样的，这就推导出另一个守恒律，即角动量守恒。

在下一堂课中，我们要讲一讲麦克斯韦的电磁理论与牛顿力学之间的关系，讲一下以太假说，这些问题直接导致了相对论的诞生。

宇宙中的新传播介质：以太假说

上堂课我们讲了伽利略和牛顿的时空观、伽利略相对性原理，并不带公式地讲了伽利略变换。

到19世纪下半叶，麦克斯韦建立了完整的电磁理论，而且这个理论与伽利略变换不相容。意思就是，假如麦克斯韦理论在某一个惯性参考系中成立，那么，根据伽利略变换，麦克斯韦理论在别的惯性参考系中就不可能不成立。

那么，是抛弃伽利略变换，还是假设麦克斯韦理论只在一个惯性参考系中成立呢？19世纪末，多数人是不打算抛弃伽利略变换的，毕竟，伽利略—牛顿时空观早已深入人心。那么，只能假设麦克斯韦理论只在一个惯性参照系中成立了。

这不正是牛顿想找的绝对空间吗？在这个特殊的参考系中，空间当然也是特殊的，因为漂亮的麦克斯韦理论在这个空间中成立。

其实，麦克斯韦本人在建立他的不朽方程时，就假设了这个绝对空间的存在。对麦克斯韦来说，水波和声波这些波的传播都需要介质。水是水波的介质，或者说，水波是水振动的结果；空气是声音的介质，或者说，声音即声波是空气振动的结果。那么，电磁波不该是某种介质振动的结果吗？这是什么介质呢？答案就是传说中的以太。

1862 年，麦克斯韦发表了的自己的第一篇关于电磁理论的论文——《论物理力线》。这篇论文把物质中的磁场推广到了以太。他觉得，磁场是以太这种特殊介质中的一排排旋涡。利用以太，可以简单地解释法拉第引进的场的概念。这完全类似于我们研究介质的特性，比如变形等。

有了以太，我们就可以很好地解释与以太相对静止的绝对空间。在地球上，我们觉得相对地球静止的空间很特殊，因为空气与地球是相对静止的。我们不动的时候，不需要任何力量，可是在空气中跑动的时候，我们就能感受到空气阻力。

其实，麦克斯韦并不是第一个想到以太的人。以太这个概念，最早是由古希腊哲学家亚里士多德提出的。它是一种假想的物质，均匀地分布在宇宙中的每一个角落，而且始终保持绝对静止。由于它的密度很低，我们无法感受到它的存在。后来，法国哲学家笛卡尔给以太赋予了物理学含义，他宣称，以太是用来传播光的东西。

众所周知，水波要靠水来传播，声波要靠空气来传播，要是没有水和空气，就不会有水波和声波。我们已经讲过，光本身也是一种波。那么光要靠什么来传播呢？笛卡尔认为，传播光的东西就是以太。

以现在的眼光来看，以太其实是物理学史上最大的“垃圾桶”。在 20 世纪以前，凡是有解决不了的难题，人们都会用以太来解释。比如，以前的科学家普遍相信，所谓光速，其实就是光相对于以太参考系的速度。换句话说，那时的人们把以太当成一种绝对静止的存在；世界上一切物体的速度，都是它们相对于以太参考系的速度。

值得肯定的是，假想以太的存在，帮助麦克斯韦找到了正确的电磁理论。但是我们在第 10 课中讲麦克斯韦理论的时候，并没有假定以太。其实，在现代所有关于电磁理论的教科书中，也根本不会提到以太。为什么？因为以太压根不存在。

麦克斯韦之后的物理学家继承了麦克斯韦的说法，认为以太存在。于是，问题来了，如果以太存在，那么它相对静止的参考系是哪一个？根本不可能是地球这个参考系，因为地球常年绕着太阳转，时刻在调整速度和方向。熟悉哥白尼体系的人自然会想到，也许以太是相对太阳静止的。因为那个时候，人们还不知道太阳也在银河系中不断地调整自己的速度。

不管以太相对于太阳是否是静止的，我们都可以做一个实验，找出与以太相对静止的参考系。要解释这个实验，我们先回顾一下伽利略变换。其实也不需要用到这个变换，我们只需要知道，在伽利略—牛顿的时空观中，速度是叠加的。也就是说，假设地球相对以太有一个速度，那么光在地球上的速度就不等于光在以太中的速度，光在地球上的速度是光在以太中的速度加上地球在以太中运动的速度。

为了简单地说明问题，我们假设以太相对于太阳是静止的。地球在绕太阳旋转，它的运动速度是 30 千米 / 秒，大概是光速的万分之一。这个速度是相对于以太参考系而言的。反过来讲，如果把地球视为静止不动的，那么以太就相对于地球以 30 千米 / 秒的速度运动。这种感觉就像是一阵 30 千米 / 秒的大风刮过静止不动的地球，也就是所谓的“以太风”。

为了探测以太风，美国物理学家迈克尔逊在 19 世纪 80 年代发明了一个仪器，叫作“迈克尔逊干涉仪”。这个神奇的仪器先后成就了两次诺贝尔物理学奖，而且这两次诺奖之间相隔了整整 110 年。因为发明了这个仪器，迈克尔逊获得了 1907 年的诺贝尔物理学奖。而在 20 世纪末，一些物理学家对这个仪器加以改进，从而造出了今天的激光干涉仪。由于用激光干涉仪于 2015 年 9 月 14 日首次探测到了引力波，他们也因此获得了 2017 年的诺贝尔物理学奖。

迈克尔逊干涉仪可以利用光在不同方向上的速度的不同产生光的干涉。1885 年，迈克尔逊开始与化学家爱德华·莫雷合作，用迈克尔逊干涉仪探测以太风。为了提高实验精度，他们把干涉仪装在一块大理石上，然后又让大理石漂浮在一个水银槽上。迈克尔逊和莫雷一开始信心满满，觉得他们很快就能探测到以太的存在。结果折腾了很长时间，他们也没有观测到干涉条纹出现任何改变，于是，他们不得不承认探测以太的努力以失败而告终。

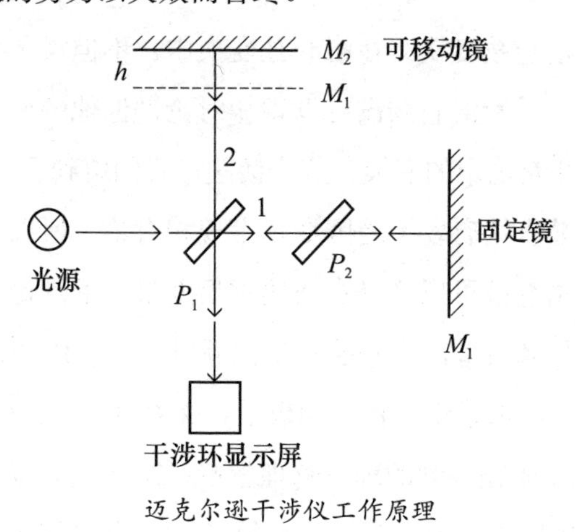

迈克尔逊干涉仪工作原理

他们没有探测到以太风，这说明以太可能不存在，也就是说，麦克斯韦建立在以太基础上的理论可能没有了根基。

但终其一生，迈克尔逊都是以太的信徒。一直到死，他都认为以太肯定存在，只是自己的能力不够，没找到它。

为了解释迈克尔逊—莫雷实验，并挽救摇摇欲坠的以太理论，不少科学家都站了出来。其中最有名的，是荷兰物理学家洛仑兹。

洛仑兹是如何解决这个问题的？他提出了一种假说，认为物体的长度并非固定不变的：当它相对于以太运动时，在运动方向上的长度会发生收缩。换言之，由于迈克尔逊干涉仪与地球一起相对于以太运动，因此它在运动方向上的干涉仪臂长就会变短。这就是著名的“尺缩效应”。根据这个假说的解释，尽管在不同方向上的光速是不同的，但由于干涉仪长度的变化，因此光的干涉不会改变。

洛仑兹的尺缩假设很自然，尺子在以太中运动，当然会受到以太的影响，不是吗？

洛仑兹后来还将尺缩效应推广，这样一来，伽利略变换也不再成立了，变成了洛仑兹变换。在洛仑兹变换中，不但尺子变短了，时间也产生变化了。尽管洛仑兹没有发现相对论，但他的变换就是后来爱因斯坦发现的相对论中的变换。这个话题，我们留到下一堂课再讲。

因为洛仑兹直接启发了爱因斯坦发现相对论，所以我们要谈谈这个人。其实，洛仑兹可以说是古典物理后期最大的理论物理学家了。除了 9 岁那年母亲去世，洛仑兹一生都顺风顺水。17 岁时，他考入荷兰的莱顿大学，在那里学习物理和数学。22 岁时，他获得了博士学位。24 岁时，他成了莱顿大学的理论物理教授。28 岁时，他当选为荷兰皇家艺术与科学院院士。49 岁时，他获得了 1902 年的诺贝尔物理学奖。

洛仑兹

当然，即使是洛仑兹这样的超级大牛，也有自己的烦恼。长期以来，莱顿大学一直不重视理论物理，所以只给实验物理教授配备了实验室，而不给洛仑兹配备。当洛仑兹拿到诺贝尔奖以后，他找到学校领导，希望要一个自己的实验室。学校先是满口答应，后来却莫名其妙地食言了。堂堂诺贝尔物理学奖得主，却连一个小小的实验室也没能要到，这让洛仑兹非常失望。后来，从莱顿大学退休，并搬到另一座城市去当一个博物馆馆长的时候，洛仑兹才终于拥有了一个属于自己的实验室。

但与另一件事所带来的痛苦相比，没有自己的实验室就完全不算什么了。洛仑兹是经典物理学的最后一批信徒之一。所谓经典物理学，是指在牛顿完成力学大综合和麦克斯韦完成了电磁学大综合之后，建立起来的一座金碧辉煌的“物理学大厦”。19 世纪末，经典物理学的信徒们都相信，人类已经掌握了宇宙的终极真理。但到 20 世纪，以相对论和量子力学为代表的物理学革命彻底颠覆了这种认知。眼看着自己心爱的“经典物理学大厦”一天天衰落，洛仑兹异常痛苦。他甚至哀叹，为什么自己不在 20 世纪之前死去。

课堂总结

麦克斯韦理论与伽利略—牛顿的时空观是不相容的，除非我们假定这个理论只在一个参考系中成立，这个参考系就是以太静止的那个参考系。麦克斯韦本人就是利用以太建立起他的理论的。所以，以太要么不存在，要么会导致尺缩效应。那么，以太到底存在不存在呢？

在下一堂课中，我们要讲一讲爱因斯坦是如何发现相对论的，以及时间和空间到底发生了什么。

时间会膨胀，长度可收缩：相对论

上堂课我们讲到，麦克斯韦为了解释电磁波，用了以太这个概念。他假设在以太静止的参考系中，他的电磁方程组是成立的。

然而，迈克尔逊用他发明的干涉仪并没有发现以太，虽然一直到死，他都坚持以太是存在的。再后来，洛仑兹认为，以太的存在使得运动的尺子在相对以太运动的方向上变短了，运动的时间相对以太的时间也变了。这就是洛仑兹变换。

1905 年，年轻的爱因斯坦在他发表的第三篇论文中，提出了相对论，当然，这是狭义相对论。

爱因斯坦在这篇论文里指出，光速并不满足伽利略—牛顿叠加原理，光速在所有参考系里都是一样大的。用光速不变原理，爱因斯坦推导出洛仑兹尺缩效应。不过，他和洛仑兹不一样的地方在于，他不承认以太存在，而尺缩效应是相对的，也就是说，运动的尺子会变短。同样，如果我运动起来，那么原来静止的尺子相对我来说也会变短。

爱因斯坦继承了伽利略相对性原理，认为所有惯性参考系都是平等的，没有以太静止的那个绝对惯性参考系。在任何参考系里，光速都是一样的，同样，相对于测量者而运动的尺子也会变短，速度越大，尺子缩得越厉害。相对来说，时钟运动的速度越大，变慢就越厉害。

尺子变短容易理解，时钟变慢是什么意思呢？很简单，就是我们看运动的时钟时，它的秒针、分针和时针相对我们手里静止的秒针、分针和时针都变慢了。或者我们看一个运动的手机时，它的秒表数字变化也变慢了。

我们来看一下，在假设光速不变的前提下，运动的时钟是如何变慢的。一个非常简单的推导，就是用利用光速不变原理制造出来的光钟。一个简单的光钟由两面镜子组成，一束光会因为镜子的存在而来

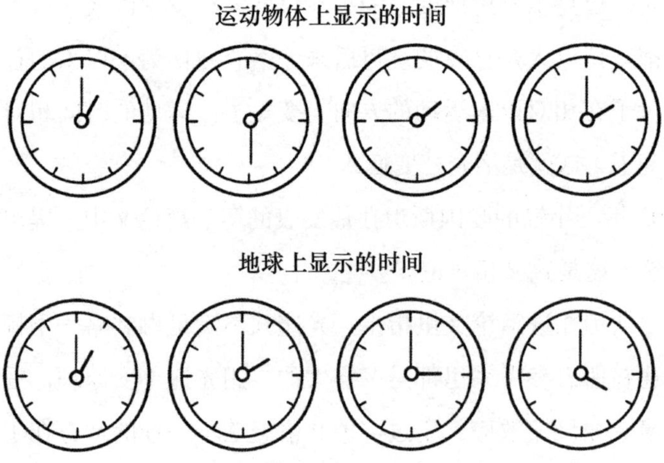

运动物体上显示的时间

地球上显示的时间

当速度接近光速时，时间变慢

回反射。一束光在镜子之间走一个来回，就是一个时间单位。由于光速及两面镜子的间距是固定的，所以光在其中往返一次的时间也会保持不变。这样我们就可以用这个光钟来测量时间。既然光速在任何参考系里都是一样的，那么，光钟在任何参考系里测量的时间单位也是一样的。

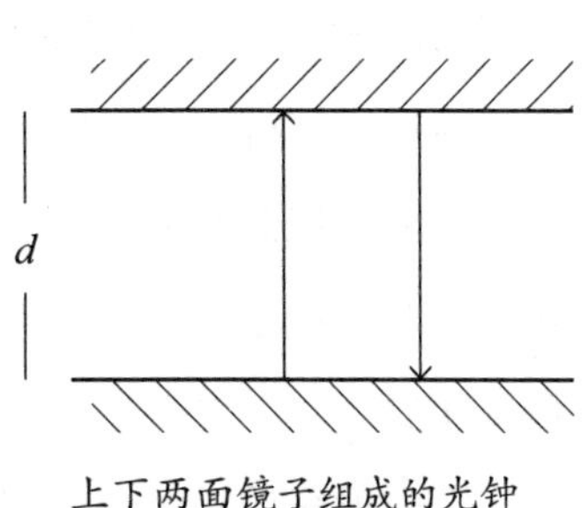

上下两面镜子组成的光钟

现在，把这个光钟带上一列运动的火车。对一个坐在火车里的人来说，这个光钟里的光走一个来回的距离就是镜子之间距离的两倍。但对一个依然留在地面的人来说，此时光钟里的光走的路径就不一样了，它走的路径是两条斜线，因为当光线从一面镜子走到另一面镜子时，镜子在运动，它的路线必须是斜的。

由于光走的路径变成了斜线，相应的路程就会变得比原来的直线要长。这意味着，对留在地面的观测者来说，火车中的光要想在两面镜子间往返一次，需要花更长的时间。也就是说，火车中的时间会变慢。这就是所谓的“钟慢效应”。

钟慢效应告诉我们一件很重要的事——对一个运动速度接近光速的物体来说，不只是它的长度，就连它的时间也不再是固定不变的。换句话说，与宏观低速世界相比，宏观高速世界里的空间和时间都会改变，并且会与光速发生紧密的联系。

既然爱因斯坦从光速不变原理推导出了洛仑兹变换，那么，麦克斯韦电磁理论在所有参考系里都是一样的就是推论了。换句话说，爱因斯坦的狭义相对论只有一个公设：光速不变。这个公设的推论是麦克斯韦电磁理论在所有惯性参考系里都是成立的。也就是说，电磁现象也满足伽利略相对性原理。

爱因斯坦的相对论当然也假设除了电磁现象，一切物理学定律都满足相对性原理。也就是说，所有物理学定律在所有惯性参考系里都是一样的。

原理很简单，但结论是革命性的，不存在绝对时间，更不存在绝对空间，时间和空间之间是有关系的。

在狭义相对论的框架下，用数学总结出空间、时间及光速之间联系的，也就是用数学总结出时间空间统一结构的，是爱因斯坦过去的数学老师、犹太裔数学家闵可夫斯基。

1896 年，闵可夫斯基出任苏黎世联邦工学院数学系教授。在那里，他遇到了一个特别顽劣的学生，这个学生特别喜欢逃课；就算去上课了，也总是趴在桌子上睡觉。更可气的是，此人还特别傲慢，根本不把老师放在眼里。闵可夫斯基非常讨厌这个学生，甚至曾在一封给朋友的信中大骂他是一只懒狗。

1902 年，闵可夫斯基跳槽到声名显赫的德国哥廷根大学数学系。3 年之后，他看到了一篇对他的学术生涯产生重大影响的物理学论文。这篇论文的作者就是当年被他骂为懒狗的那个学生，即爱因斯坦。这篇论文就是正式提出狭义相对论的《论动体的电动力学》。

闵可夫斯基很快就成了爱因斯坦最忠实的粉丝之一，他对爱因斯坦提出的狭义相对论佩服得五体投地。但有一点他并不满意，他觉得爱因斯坦的数学不好，没能用简洁的数学语言把狭义相对论清晰地表达出来。为此，闵可夫斯基在 1907 年发表了一篇重新解释狭义相对论的文章。在这篇文章里，他提出了一个非常重要的概念，那就是我们在本堂课开始就提到过的“时空”，科学家们也经常管它叫“四维时空”。

为了解释四维时空，让我们从大家都比较熟悉的三维空间讲起。众所周知，我们日常生活的空间是由长、宽、高三个维度构成的。为了更好地描述在这个空间中物体的运动，法国哲学家兼数学家笛卡尔引入了直角坐标系的概念：在我们日常生活的空间中，可以画出三条经过同一原点且互相垂直的数轴，它们分别代表了长、宽、高三个方向。只要知道了空间中的某一点在这三条数轴上所对应的数值，就能确定这个点在空间中的准确位置。这就是所谓的空间直角坐标系。用这个坐标系描述的空间，就是著名的三维欧氏空间。

但闵可夫斯基认为，三维欧氏空间并不足以描述真实的世界。在他看来，真实的世界应该将空间和时间放在一起，与三维欧氏空间相比，我们要增加第四条数轴，它代表的是时间。由于空间的长、宽、高互不干涉，所以三条空间轴会彼此垂直。类似地，时间和空间也互不干涉，所以这条时间轴也会与三条空间轴垂直。但问题来了，时间单位和空间单位没有关系怎么办？答案其实很简单，空间和时间只相差一个速度的单位。换句话说，只要让时间乘以某个速度，就可以使它与空间拥有相同的单位。到底应该乘以哪个速度呢？当然是光速，因为在相对论里，光速不变，是绝对的速度。这样，用时间乘以光速后，就可以在原来三维欧氏空间的基础上增加一条与其他空间轴都垂直的时间轴。这样一来，原本的三维空间就变成了四维空间。这就是所谓的四维闵氏时空。

在四维闵氏时空中，时间和空间不再是两种毫无关联的事物，而是通过光速紧密地联系在了一起。换句话说，在狭义相对论中，时间和空间其实是同一个事物的两个不同侧面。这个由时间和空间组合而成的事物，就是“时空”。

闵可夫斯基不会止步于此，否则，四维的时空中时间和空间就不是有机的一体了，于是他假设某种光锥是绝对的。

什么是光锥呢？想象一个小灯泡，按下开关，它就开始发光。最开始发出的光会呈球形向外扩散，从而变成一个越来越大的光球。当然，这个球面在任何时刻都是一个固定球面，但是，在加上时间的四维空间里，它是一个四维的东西，因为多了一个时间。闵可夫斯基说，当你换一个惯性参考系，空间和时间虽然变了，但光锥不变，这样就可以推导出新的空间时间和老的空间时间之间的关系，这个关系正是洛仑兹变换。

我们很难想象四维时空，为了将前面讲的闵可夫斯基时空形象化，我们假想空间只有两维，再加上时间，就是三维时空，这样就很容易想象光锥了。在两维空间里，光从一点发出是一个圆；在三维时空里，光锥就是我们熟悉的锥面。

从一点发出的光在三维时空里形成的锥面叫作未来光锥。而很多光线射向一个点形成的锥面叫作这个点的过去光锥。过去光锥和未来光锥构成的是沙漏图形，沙漏图形已经成了狭义相对论的徽标。为了纪念相对论诞生100周年，人们把2005年定为“国际物理年”。而这个国际物理年唯一的官方海报，用的就是沙漏的图案。

课堂总结

爱因斯坦假设光速在所有惯性参考系里都是一样的，从而推导出：运动的时钟变慢，运动的尺子变短，且这种变化完全是对等的。爱因斯坦就这样抛弃了以太，获得了新的时空观。狭义相对论就这样诞生了，并成为 20 世纪的两大物理学革命之一。

在下一堂课中，我们要讲一讲狭义相对论的一些推论，比如爱因斯坦的质能关系。

改变世界的质能关系

上堂课我们讲了狭义相对论的时空观，它颠覆了伽利略和牛顿提出的时空观，也就是说，它颠覆了近300年来更加符合人们日常生活经验的时空观。

任何一个时空观带来的都不只是我们对时间和空间的认识，同时它还带来了物理学更加基础的部分——动力学的改变。

1905年，爱因斯坦还发表了另一篇关于狭义相对论的论文，论文的标题是《物体的惯性同它所含的能量有关吗》。在这篇论文中，爱因斯坦第一次提出了质量和能量之间的关系。他用薄薄的几页纸推导出了他的著名公式，结论是，一个物体的能量等于它的质量乘以光速的平方。由于光速是一个巨大的数字，因此，他的质能等价关系意味着一个物体有着巨大的潜能。

爱因斯坦的质能关系有双重含义：第一重含义是，当一个物体处于静止状态时，它也含有巨大的能量，因为静止物体的质量并不等于零；第二重含义是，当一个物体运动起来的时候，它的有效质量更大，因为它的能量更大。

在本书中，我们不太适合给出爱因斯坦在 1905 年对质能关系的推导。但是，在爱因斯坦发现狭义相对论的41年之后，也就是1946年，他发表了一篇题为“质能等价关系的一个简单推导”的论文。

爱因斯坦的新推导确实足够简单，简单到我们可以在这里口头复述，简单到直到今天也没有一个比它更简单的推导了。

那么，看看爱因斯坦是怎么做的呢？这个推导是一个思想实验，也就是说，不用到实验室里做实验，假想一下就可以了。我们知道，任何物体都会吸收光，将一个静止物体放在水平的桌面上，然后让这个物体的两个侧面分别接收来自方向相反的两束光。假设这两束光所含的能量相等，根据麦克斯韦的理论，这两束光也含有动量，但它们的动量大小相等、方向相反。

因此，根据能量守恒定律，当静止物体吸收了两束光之后，它的能量明显增加了，但依然保持静止，这是因为两束光的动量加起来等于零，在这里我们假设动量也是守恒的。

但这个事实还不足以让我们推导出质能等价关系。接着，更重要的一步来了。假想我们在另一个参考系中，且这个参考系运动的方向是垂直于桌面的。在这个参考系中，我们看到了什么呢？首先，放在桌面上的那个物体有一个垂直于桌面的速度；其次，物体吸收的两束光的运动方向不再平行于桌面，它们在垂直于桌面的方向上也有一个速度。换句话说，在这个新的参考系里，两束光的动量不能相互抵消。因此，吸收两束光后的物体动量必须增加——当然，我们这里依然假设动量是守恒的。

但是，在运动的参考系中，那个物体在吸收光之前和之后的速度没有变化，因为它一直是放在桌子上的。这个物体的能量和动量都增加了，但速度没有变化，这说明了什么呢？只能说它的有效质量变大了。爱因斯坦推导出，增加的能量和增加的质量是成正比的，这个正比系数就是光速的平方。为什么光速会出现呢？因为在推导过程中我们用了两束光。

不用说，后面的故事我们都知道了，爱因斯坦的质能关系彻底改变了世界，因为后来的物理学发展的确证实了质能关系，特别是核电站和核弹的出现。

在讲量子力学时，我们知道，普朗克是第一个提出光量子的人，他说，一个光量子的能量与光的频率成正比。后来，爱因斯坦将普朗克的公式推广到了光子的动量上。有意思的是，1905 年，当爱因斯坦将他关于相对论的论文投稿到德国物理学刊物《物理年鉴》时，推荐这篇论文的正是普朗克本人。1907 年，普朗克还给出了质能关系的一个新的形式。

爱因斯坦的第一篇关于狭义相对论的论文非常有特色，不仅逻辑上干净利落，而且不同于其他论文，爱因斯坦在这篇论文中未引用任何文献，只是感谢了与他的朋友贝索的讨论。

接下来，我们谈谈运动物体的质能关系。在上堂课中谈到，在狭义相对论中，运动的尺子会缩短，运动的时钟会变慢。当运动的尺子的速度接近光速的时候，尺子会变得无限短。同样，当运动的时钟的速度接近光速的时候，时钟会变得无限慢。那么，运动的物体的能量和速度有什么关系呢？质能关系告诉我们，当运动物体的速度接近光速的时候，能量会变得无限大。这与牛顿力学告诉我们的完全不一样。当然，如果运动物体的速度比光速小很多，运动物体的能量除了静止能之外，它的动能就很接近牛顿力学中的动能了。

因此，当我们给物体加速的时候，物体越接近光速，需要的能量就越大，而当物体被加速到光速的时候，就需要无限大的能量。这也是在相对论中一个物体的速度无法越过光速的原因。

接下来谈谈狭义相对论的验证和用处。先谈时间变慢效应。在宇宙中，除了组成分子和原子的电子和原子核，还有很多粒子，这些就是基本粒子，因为它们像电子和原子核一样，都非常小。在地球外存在的基本粒子，最早被发现的叫缪子，缪是一个希腊字母的发音。这个粒子非常像电子，只是它比电子重了大约 200 倍。它与电子的另外一个不同之处是，它的寿命非常短，只有五十万分之一秒。接下来，我们就可以验证相对论了。因为五十万分之一秒是缪子静止不动时的寿命，所以让它以接近光速的速度运动，它的寿命就会变长。运动起来的时钟会变慢，看上去就像慢动作，因此，一个粒子的寿命也是以“慢动作”来展示的。

假如我们想将缪子的寿命变成 1 秒，让我们能够看到它，它的速度需要多大呢？缪子的速度需要比光速每秒只慢 3/5 毫米。想想看，光的速度是每秒 30 万千米，这个差别实在太小了。快速奔跑的缪子可以存活 1 秒，那么，缪子大约跑 30 万千米，仪器就可以很容易地看到它了。

相对论还意味着，每一个基本粒子都有它的反粒子。狄拉克是第一个用相对论预言反粒子存在的人。在试图将量子力学和相对论结合起来的时候，狄拉克发现，世界上必须存在一种电荷与电子相反、质量与电子一样的粒子。因为这种粒子的性质和电子相反，所以被称为电子的反粒子，这种粒子叫正电子，因为它带正电荷。

当然，狄拉克预言这个粒子的时候，有一个有趣的过程。开始的时候，他说，电子必须有一个反粒子，电荷与它相反，质量与它一样，如果电子遇到这个反粒子，灾难就会发生，它们相互集合在一起后就会消失，成为光子。这个过程有点像自杀，所以物理学家将这种过程称为湮灭。可是，过了一段时间，并没有人发现正电子，于是，狄拉克有点急了，就想修改自己的理论，说电子的反粒子应该是质子，也就是氢原子核。质子正好带正电荷，可是它的质量比电子大了差不多 2000 倍。4 年后，也就是 1932 年，实验物理学家安德森在宇宙射线中发现了正电子。

不过，狄拉克的预言方式太过抽象。美国物理学家费曼给出了一个简单的解释。费曼说，粒子可以在逆着时间的方向上走，因为相对论允许粒子这么走。费曼认为，逆着时间走的电子其实就是正电子。既然任何粒子都可以逆着时间走，那么任何粒子都有反粒子。你看，我们其实并不需要懂得狄拉克的抽象方法，也能理解反物质的存在。

有了粒子和它的反粒子，我们就可以直接看到质能关系的作用。粒子和反粒子撞到一起是毁灭性的，它们会彼此湮灭成为光，也就是质量变成了能量，粒子和反粒子的质量变成了光的能量。其实，所有的核电站也正在验证爱因斯坦的质能关系，当一个比较大的原子核裂变成了一些小的原子核，小的原子核的总质量比大原子核小了，大原子核多余的质量就变成能量释放出来了。大亚湾核电站就是利用核裂变制造出了源源不断的能量。

狭义相对论不仅在粒子物理中很重要，在天体物理中也很重要。大量的高能天体物理现象的解释都离不开狭义相对论。

课堂总结

爱因斯坦的狭义相对论不仅改变了我们的时空观，也彻底改变了力学世界。一个物体含有巨大的潜在能量，它的能量等于其质量乘以光速的平方。这个简单的关系是核电站、粒子物理及天体物理的研究基础。

在剩下的最后两堂课中，我们将谈一谈爱因斯坦的另一个巨大贡献——广义相对论。

爱因斯坦的惊奇发现：等效原理

我常说，如果一个人学会了狭义相对论，那么物理学领域的任何知识都难不住他，因为狭义相对论是物理学史上第一个反直觉的理论。

本章我们用了三堂课讲了狭义相对论，接下来，我们再用两堂课来讲一下广义相对论。

在我看来，如果你理解了广义相对论，那么世界上可能就没有能够难住你的东西了。因为，广义相对论更加反常识。

那么，爱因斯坦是如何提出广义相对论的呢？在提出狭义相对论的时候，虽然爱因斯坦知道了迈克尔逊的实验，但是他的出发点并不是以太不存在。提出狭义相对论之后，爱因斯坦回忆，他在16岁的时候就设想过一个思想实验：假如人跟着光跑，会看到什么？当然，后来爱因斯坦发现，人是永远追不上光的，因为光在任何惯性参考系中的速度都一样。提出狭义相对论之后，爱因斯坦开始思考的问题是，既然狭义相对论假定了伽利略相对性原理，那么万有引力该怎么办？这是他发现广义相对论的开端。

可能大家会问，万有引力和伽利略相对性原理有什么关系？我们回忆一下伽利略相对性原理：任何惯性参考系都是等价的。也就是说，在任何惯性参考系中，所有的物理学定律都不变。狭义相对论解决了电磁理论问题，只要两个惯性参考系中的时间和空间按照洛仑兹变换来联系，那么麦克斯韦的电磁理论在两个惯性参考系中都成立。

可是，牛顿的万有引力定律看上去是个瞬时相互作用，意思就是，一个物体在一个时刻感受到另一个物体对它的万有引力，与两个物体在那个时刻的距离有关。很明显，这种定律在狭义相对论中不可能满足伽利略相对性原理。原因很简单，假如牛顿的万有引力在某个惯性参考系中是瞬时相互作用，那么它在另一个不同的惯性参考系中就不可能是瞬时相互作用，因为在这个新的参考系中，时间完全不同了，同时性变了。

这是 1905 年以后爱因斯坦面对的困境：如何修改牛顿万有引力定律，使得新的万有引力定律遵循伽利略相对性原理。

其实，与爱因斯坦一样，有几位物理学家也在思考这个问题，但他们根本没有找到正确的出路，因为他们总是在狭义相对论中打转。

也就是说，爱因斯坦后来发现的广义相对论，完全不同于狭义相对论。在广义相对论中，时间和空间弯曲了，而在狭义相对论中，虽然时间和空间密切相关，但它们没有弯曲。

时间和空间的弯曲是什么意思呢？这是一个很好的问题，我们留到下堂课来回答。现在，我们先看看爱因斯坦找到的通向广义相对论的正确入口。这个入口，就是等效原理。

我上大学时读居里夫人的女儿艾芙·居里写的《居里夫人传》，记得里面写到一个与爱因斯坦有关的故事。1907 年，那时已经是著名物理学家的爱因斯坦与居里一家外出度假。他们一起登山，在登山的途中，爱因斯坦突然抓住居里夫人的手，说："夫人，我想出来了！"居里夫人不解地看着他："你想出来了什么？"爱因斯坦指着前面的悬崖说："夫人，你想想，假如你从那里跳下去，会看到什么？"我不知道当时居里夫人是什么反应。要知道，那时她的丈夫皮埃尔·居里才去世一年。

其实，爱因斯坦说的从悬崖跳下去会看到什么，就是在讲等效原理。简单来说，如果你从悬崖跳下去，你就感受不到万有引力了。这就是在航天时代众所周知的失重现象。但这与著名的物理学原理有什么关系？

爱因斯坦说，假如你跳下去了，你失重了，感受不到万有引力了，那么你看到的物理学定律和狭义相对论里的物理学定律就完全一样。

接下来，更加关键的一点是，在自由下落的参考系中，狭义相对论是对的，在静止参考系里，有了万有引力，可是相对自由下落参考系，静止参考系是加速的。自由下落参考系里没有万有引力，而静止参考系里有万有引力。这是为什么？原来，万有引力是加速造成的。

这就是爱因斯坦在 1907 年登山过程中想到的等效原理——重力场与以适当加速度运动的参考系是等价的。

那么，如果等效原理成立，我们需要检验什么？我们再来看看爱因斯坦的思想实验：在自由下落的参考系里，我看到的现象就是狭义相对论中的现象。这就意味着，与我一起下落的人及任何其他物体，不是与我相对静止的，就是相对我来说以匀速运动的。

或者可以说，在静止参考系中，任何两个物体的加速度都是一样的。有人会说，这有什么稀奇的，伽利略不是早就指出这一点了吗？话是没错，但大家进一步想一想，根据牛顿万有引力定律，地球对一个物体产生的重力，与这个物体的引力质量成正比，同时，根据牛顿第二定律，一个物体的加速度与力成正比，与惯性质量成反比。现在，假如所有物体在重力中的加速度都是一样的，那就要求分母上的惯性质量和分子上的引力质量完全抵消。换句话说，对所有物体来说，引力质量要完全等于惯性质量。

重要的话需要重复一下：根据等效原理，引力质量要完全等于惯性质量。这个陈述是需要用实验来验证的。非常重要的是，在狭义相对论出现之后，惯性质量本身还有一个独立的定义，也就是说，惯性质量与物体蕴含的能量有关，这就是我们在第 28 课中讲的质能关系。

回到前文提到的伽利略。早在 17 世纪，伽利略已利用物体从斜面滚下不同的距离所需要的时间证明物体在地球上自由下落的加速度是一个常量。另外，伽利略还发现，单摆的周期只与摆长有关，而与摆锤的质量和材料无关。后来，牛顿做了两个等长且形状相同的单摆，其中一个的摆锤是用金做的，另一个的摆锤是用等重的银、铅、玻璃、沙等不同物料制成的。牛顿在多次实验中均未能观察到它们之间的周期差异。也就是说，不同的材料的引力质量都等于惯性质量。

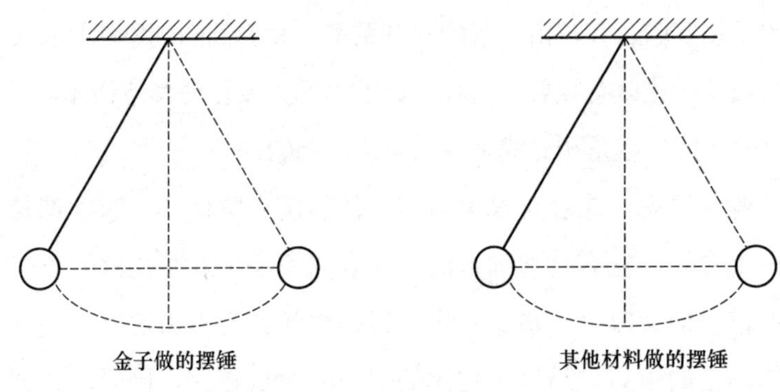

单摆的周期仅与摆长有关，与摆锤的质量和材料无关色

1885—1909 年，匈牙利物理学家厄缶用了 20 多年的时间精确地改进卡文迪许实验。在第 5 课中我们谈到，卡文迪许试图测量万有引力常数。他的测量方法特别聪明：将一个两端各放一个小球的直杆悬挂在一根石英丝上。如果这个直杆没有受到任何力的作用，石英丝就不会被扭转。然后，拿两个大球分别靠近两个小球，大球对小球产生了万有引力，石英丝就会扭转一个角度。通过石英丝的扭转角度，我们就能计算出万有引力的大小。

厄缶改进了扭秤的设计，使悬杆两端的两个重物不仅有水平距离，还有垂直距离。厄缶提高了扭秤的灵敏度，普及了扭秤在地球物理勘探方面的应用，证明了引力质量和惯性质量是相等的。当然，任何物理学实验都有精度问题，厄缶实验的精度是千万分之一，也就是说，在千万分之一这个精度内，引力质量等于惯性质量。这个精度准确到什么程度呢？就好比一个 10 吨重的物体，它的引力质量和惯性质量的差别小于 1 克。

1911 年，爱因斯坦是知道厄缶实验的，因此他提出了等效原理。20 世纪 60 年代，一些物理学家进一步改进了厄缶实验，将其精度提高到了千亿分之一，这是一个比厄缶本人的实验还要精确1万倍的实验。也就是说，一个10万吨的物体，它的引力质量和惯性质量的差别小于1克。

如今，引力质量等于惯性质量的实验已经发展到了两种不同的实验。一种是在卫星上做实验，因为卫星绕着地球转，它可以被看作是一个不断自由下落的参考系。在卫星上做的实验，精度已经到了一亿亿分之一。另一种是利用冷原子在真空中自由下落做实验，这种实验的精度已经到了五亿亿分之一。

最后，我们简单说一下厄缶。厄缶的父亲是一位诗人，官至匈牙利内阁，厄缶的母亲出身于贵族家庭。因为厄缶对物理学的重要贡献，厄缶的肖像第一次出现在了1932年匈牙利发行的邮票上，后来又在邮票上出现过两次。1950年，匈牙利的一个有着300多年历史的大学更名为厄缶大学，以纪念厄缶。厄缶本人虽然没有获得过诺贝尔奖，但厄缶大学出了5个获得诺贝尔奖的人。

爱因斯坦认为，万有引力和加速参考系是等价的，或者说，在重力场中自由下落的参考系里，我们看到的物理学定律和狭义相对论中的是一样的。这是爱因斯坦迈向正确的万有引力理论，也就是广义相对论的第一步。

在下一堂课中，我们将揭示广义相对论到底是什么。

万物皆可弯：引力场

本堂课是这门物理学通识课的最后一课了。

我们知道，在爱因斯坦终于找到通向广义相对论的正确入口，也就是等效原理之后，他又花了几年时间，才找到了广义相对论的正确理论。

这个理论可以用一句话来总结，就是时间和空间都是弯曲的。如果用两句话来总结，就是物质决定时空如何弯曲，弯曲的时空决定物体如何运动。

爱因斯坦是如何想到时间和空间都是弯曲的呢？我们用弯曲的球面打比方。将一个球放在较远处，我们看到的是一个球面，但如果将球放在眼前，我们只能看到球的一个局部。此时我们注意到，一个很小的局部其实并没有那么弯。这个局部越小，越不弯。直到我们将局部变得无限小之后，这个局部无限接近于一个无限小的平面局部。

我们将很多无限接近于平面的小局部拼接起来，就得到了一个球面。当然，其他弯曲的曲面也可以这样做出来，比如轮胎面或其他更加复杂的面。这种方法其实是几何学家发现的。

19 世纪中叶，德国数学家黎曼将这种研究曲面的方法推广到了任意维度的空间。其实，我们普通人很难想象一个弯曲的三维空间长什么样，因为我们自己就生活在三维空间中。但是，数学家可以用抽象的方法来研究弯曲的三维空间，就是将无数无限小的平坦的三维欧氏空间局部拼接在一起。当然，弯曲的四维空间、更高维的空间都可以这么研究。

那么，爱因斯坦是如何想到弯曲的时空的呢？这正是他的等效原理的功劳。所谓等效原理，是指在重力场中自由下落的参考系里，我们看到的物理学定律和在狭义相对论中的是一样的。也就是说，一个自由下落的人看到的时间和空间，就是狭义相对论中的时间和空间，即闵可夫斯基时空。爱因斯坦想到，闵可夫斯基时空就像没有弯的空间一样。但是，重力场中不同的地方，自由下落的参考系是不一样的。比如，北京的一个自由下落参考系，就完全不同于纽约的一个自由下落参考系。爱因斯坦将这些不同的自由下落参考系称为局部惯性参考系。因此，在一个重力场中，有很多局部惯性参考系，将这些不同的局部惯性参考系拼接起来，我们不就得到了一个弯曲的时空吗？这种做法，很像几何学家研究弯曲空间的做法。

那么，一个物体在弯曲的时空中是怎样运动的呢？很简单，在每一个时间和空间点，这个物体的运动方式就是自由下落。比如，一颗卫星就在地球的重力场中不断地自由下落。只不过在爱因斯坦的弯曲时空中，我们用时间和空间的弯曲本身来解释物体是如何运动的。

爱因斯坦利用等效原理，发现了弯曲的时空。后来他说，其实他的发现和所谓的马赫原理有关。什么是马赫原理呢？还记得我们提到过牛顿的绝对空间吗？伽利略相对性原理指出，所有惯性参考系都是等价的，任何一个惯性参考系都不会比其他惯性参考系更特殊。但是，牛顿想，与所有恒星相对静止的空间是不是更加特殊一点？这个空间是不是绝对空间？而马赫更进一步想，恒星的分布是不是决定了惯性参考系？也就是说，物质的分布决定了惯性参考系。其实，马赫的这种想法已经很接近爱因斯坦的想法了。

在爱因斯坦之前，人们认为，时间和空间是物质存在于其中的固定的脚手架。到爱因斯坦这里，时间和空间本身也是可以变化的了。爱因斯坦在思考量子论的同时，花了差不多 8 年时间才彻底解决了这个问题。他的最终解决方案很简单：万有引力的存在使得时间和空间也是可变的。时间和空间既然在狭义相对论中是一个整体，那么，这个整体是固定不变的，还是像所有物体一样，本身也是可变的？引力的存在使得时空不再是一个固定的脚手架。在爱因斯坦之前，很多数学家已经跳出欧几里得建立的固定的空间，开始研究各种不同的弯曲空间了。到了爱因斯坦这里，这些弯曲空间不仅是数学上的想象，也是物理现实。

爱因斯坦理论中的第一个关键点是弯曲时空，第二个关键点是弯曲时空是怎么产生的？

他的答案是，物质存在时，或者更加一般地能量和动量存在时，时空就会变得弯曲，能量和动量越大，时空就弯曲得越厉害。我们通常说黑洞是时空弯曲得最厉害的地方，这并不准确。对一个很大的黑洞来说，其质量虽然大，但包含这个黑洞的“视界”也很大，在视界和视界外边，时空弯曲得并不厉害。这里的视界指的是时钟走得无限慢的地方。时空弯曲的最厉害的地方有两处，一处是宇宙大爆炸开始时的“奇点”，一处是黑洞坍缩的“奇点”，在这两种奇点处，时空的曲率变得无限大。

用弯曲时空取代牛顿的万有引力之后，即使没有能量，时空也可以弯曲，就像在电磁理论中，没有电荷和电流也可以有电磁场一样，这样的电磁场就是电磁波。而不存在能量的弯曲时空对应的引力场就是引力波。

有了广义相对论，物理学家就可以研究在万有引力作用下恒星的命运。为什么这么说？因为恒星是靠热核反应维持生命的，一旦热核反应终止了，如果只用牛顿的万有引力理论，恒星就会一直塌缩下去，到了一定程度，引力太大了，牛顿理论便不适用了。

留学英国的印度人钱德拉塞卡发现，当恒星的质量小于一个数值的时候，它会塌缩成一种叫白矮星的东西。为什么叫白矮星呢？因为它会发出白光，但半径很小，也就是密度非常大，又白又矮。如果恒星质量比这个数值大，它还会继续塌缩，塌缩成什么呢？物理学家朗道认为，只要它的质量不超过2个太阳，就会塌缩成一种半径更小的东西，这种东西叫中子星。

如果恒星的质量超过2个太阳会怎么样？这时，万有引力强大到连中子星都自身难保，要一直塌缩下去，最终形成一种叫黑洞的东西。那么，黑洞到底是什么呢？

20世纪60年代，物理学家发现，黑洞就是一种完全不发光的天体。在黑洞外面有一个半径，在这里，引力强大到连光都跑不出来。

为什么光都跑不出来？前面我们谈到了时空弯曲，时空弯曲是什么？就是离质量中心越近的地方，时钟走得越慢。大家想象一下，有一个时钟放在黑洞附近，它每走一秒钟，我们在远处的人得等上一年的时间，这就是时钟变慢效应。光速在爱因斯坦的理论中是不变的，也就是说，在那个钟附近，尽管光在一秒钟之内跑了 30 万千米，在我们看来却是一年才跑了 30 万千米。好了，现在将时钟再向黑洞靠近一些，这时，时钟每跑一亿分之一秒，我们就得等上一年。也就是说，在我们看来，光在一年内只走了 3 米，比蜗牛慢多了。就这样，越靠近黑洞，在我们看来光走得越慢，到后来根本走不出来了。

当然，这并不是说一个恒星的质量比太阳大上 2 倍最后都会变成黑洞，因为恒星燃烧到最后，还会向外抛出东西，因此，物理学家觉得，如果一个恒星的质量是太阳的 20 倍，那么它肯定会变成黑洞。

爱因斯坦的理论不仅适用于地球，还适用于整个宇宙。在牛顿的时空观居于统治地位的 200 多年时间里，人们一直觉得，从整体上来说宇宙是静态的。可是，爱因斯坦在用广义相对论研究整个宇宙的时候，发现宇宙不可能是静止的，这让他很为难。但是，也就是在爱因斯坦提出广义相对论 10 多年之后，哈勃发现，银河系之外的其他星系都在远离地球，可见，宇宙不是静止的。有一个叫勒梅特的神父说，如果我们假设宇宙在不断膨胀，那么哈勃的发现结果正好就是爱因斯坦理论预言的！在爱因斯坦提出广义相对论 20 年后，勒梅特终于说服了爱因斯坦，让他相信了宇宙膨胀论。

爱因斯坦的广义相对论认为，在物质存在的前提下，时间和空间都是弯曲的，这是万有引力存在的根本原因。弯曲的时空导致物体的运动是不断地自由下落的，而物质的分布决定了时间和空间如何弯曲。